ニューヨーク　マンハッタン
高架橋上に残された遊休地を公園へと転用したハイライン（画像奥へ向かって、中央よりやや右手に走る）は、その輝かしい成功の裏で、公共空間の創出・開発によってもたらされるジェントリフィケーションという問題を浮き彫りにした。
Photo by Timothy Schenck（P.46）

ウィーン
ドナウ運河沿いにもコミュニティガーデンが出現している（P.5）

西シアトル　ビー・ガーデン
都市住民が養蜂を通じて自然を学ぶ場となっている（P.9）

バイオフィリックデザインの先進モデルであるシンガポール植物園ケッペル・ディスカバリー・ウエットランズ　シンガポール国立公園庁提供（P.27）

中国深圳市の企業団地「梧桐島」　緑環境を活かした企業誘致の事例（P.42）

シンガポール　高層集合住宅街に造られたセラピューティックガーデン（P.34）

セラピューティックガーデン内の「社会的園芸プログラム」活動風景（P.36）

セラピューティックガーデンでの農業実習（P.55）

民家の前栽を楽しむ訪日観光客（P.62）

尼崎臨海地域の製鉄所跡地で進む100年の森づくり
小さな苗木が森へと成長していく（P.65）

はじめに

中瀬　勲

わが国における本格的な少子・高齢社会の到来、地球及び地域規模での自然環境問題の激化などに伴い、私たちの社会は大きな変化の時代を迎えています。このことは、景観づくり、地域づくり、それらのマネジメントに、新たな試みや展開を必要としていることを意味します。この変革の時期に、兵庫県立淡路景観園芸学校（兵庫県立大学大学院緑環境景観マネジメント研究科）では、２０１８年度から緑・景観・地域経営の専門家を育成するための新たな展開として、「世界と交流」「地域と協働」「資源の継承」をキーワードとした多様な試みを重ねてきました。「地域経営とランドスケープ」と題した連続公開セミナーの開催もその一つであり、これらのセミナーの内容をシリーズとして出版してきました。

第４号となる本巻のテーマは「世界とシェア！　緑の戦略」です。世界を旅するように、シアトル・台北・ソウル・シンガポール・中国・ニューヨーク、そして日本。世界の様々な都市をめぐり、緑のバトンをつないでいきます。

一つ目は、世界各地で都市の未利用地を緑の空間に変えていくコミュニティガーデンのレポートです。コミュニティガーデンは、都市環境の改善や地域のコミュニティづくりだけでなく、今や都市経営戦略にも活かされています。

二つ目はシンガポールです。国家戦略として緑を最大限に活用し、世界トップレベルの緑豊かな都市を創造してきたその軌跡を紹介します。さらに、シンガポールでは、緑を活かした健康や福祉施策を急速に展開しています。当学教員が現地に赴き、そのスピードを肌身で感じた園芸療法の今をレポートしています。

次は中国です。急激な都市開発による環境劣化の反省から、生態系の回復を取り入れた開発へと政策の重点を移しつつある現在の中国の最新事情をお伝えします。

そして、アメリカです。ニューヨークのハイラインは、寂れた土地を公園へと造り替え、世界中から観光客が押し寄せ、大きな経済効果をもたらした成功事例として注目が集まっています。しかし、一方で開発が地元住民の生活基盤を脅かしているという負の側面も明らかになってきました。そのため、どのような対策が取られているのか、その実態は注目に値します。最後に、日本から緑の力を活用した福祉や観光、地域再生の現場の取り組みを紹介します。

この本を読み終えたころには、あなたはたくさんの緑の戦術を手に入れることでしょう。これから社会が直面する様々な課題に対して、解決策となるアイディアが詰まっていますよ。

ランドスケープからの地域経営 4

世界とシェア！ 緑の戦略

～みどりがまちを変えていく～

目　次

はじめに　中瀬　勲　1
コミュニティガーデンを超えたコミュニティガーデン　ジェフリー・ホウ（編集 訳 林まゆみ）　4
バイオフィリック・シティ・イン・ア・ガーデン（生物共生都市）自然の回復とコミュニティの形成　レオン・チー・チュウ　17
シンガポールにおける園芸療法の展開　金子みどり　31
中国における緑環境の取り組み　沈　悦　39
交通インフラ跡地をオープンスペースとして再生する際の課題と可能性　別所　力　45
グリーンケアとSDGsから見た農福連携の展望　豊田正博　53
個人邸の「前栽」と生活文化が持つインバウンド観光資源としての潜在力　平田富士男　59
森の力で工業地域を変えていく　守　宏美　64
おわりに　守　宏美・岩崎哲也　70

コミュニティガーデンを超えたコミュニティガーデン

ジェフリー・ホウ（編集　訳　林まゆみ）

序

近年、食料に関連する諸問題、気候変動など増大する環境問題への関心の高まりとともに、世界では、先導的なプロジェクトが増えている。例えば、都市農業とエディブルランドスケープ（食べられる植物を用いた景観づくり）は世界的な潮流となっている。

北米の都市では、都市の庭であるコミュニティガーデンが近隣住区や下町の風景を変えている。２００６年、バンクーバー市議会は、２０１０年の冬季オリンピックのレガシーとして、２０１０年１月１日までに２０１０の新しいガーデンを完成させるための動議を可決し、住民に都市型ガーデンを作ることを奨励した。このことがきっかけで、以前は活動されていなかった公園が、市内で活発な活動が行われる緑地へと変化するなど、総じてバンクーバーの都市景観そのものが変わっていった。

都市の緑化活動に長い伝統を持っている北ヨーロッパでさえ、コミュニティガーデンは、廃線となった線路などを含む予期しない場所に現れるようになった。ストックホルムのトラガード・パ・スパレットでも、利用されていない空

写真１　ウィーンのドナウ運河沿いのコミュニティガーデン

写真２　香港のチャイワンにある工業ビルの屋上にある香港都市農園

地を生産的な場所に変えていった。同様に、ウィーンでは、ビーチバー、カフェ、そしてアート作品などとともに、ドナウ運河に沿って、コミュニティガーデンができていった（写真１）。

アジアでも都市農業に関する活動が活発になっている。２０１２年、ソウル特別市は、都市農業において、世界の最高峰を目指すという目標を設定した。これは、かのロンドンに追いつき、そしてそれを上回ることを目指している。環境ＮＰＯであるソウルグリーントラストは、最初は小規模なプロジェクトから取り組んだ。例えば、オペラハウスの建設が途中で停止したノドゥル島に「公共農場」を作るという野心的なプロジェクトを開始したりした。

香港のような土地不足が問題になっている都市では、コミュニティガーデンは建物の屋上に出現している。屋上庭園は都市の豊富な資源でもある。例えば、チャイワンの工業ビルの屋上にある香港都市農園（写真２）、クワイ・チュングのショッピングモールの屋上にあるメトロポリタン屋上農園などである。

私のコミュニティガーデンの研究は２００５年頃から始まった。14年前には、シアトルのコミュニティガーデンの事例を紹介する『都市の緑化、コミュニティの成長』が出版された。この本は後に韓国語に翻訳出版された。日本でも、その１章が兵庫県立大学／淡路景観園芸学校教授の林まゆみ氏の編集で出版された。最近の研究では、回復力のあるしなやかな都市を目指して、コミュニティガーデンの、都市公園や都市そのものへの統合、あるいはコミュニティガーデンが複合的な意味合いを持つ社会的な空間として機能する仕組みについて検討した。これらの作業から、コミュニティガーデンは都市農業の実践と成長にとって重要な手段であることがわかった。ただ、コミュニティガーデンとは、食料生産や園芸のためだけのものではない。実際、コミュニティガーデンは、社会的、環境的、経済的、文化的、さらには政治的な側面を持っており、都市環境においてさまざまな役割を果たしている。本稿では、コミュニティの構築、都市と生態系をつなぐ役割、空きスペースの活性化、公共空間の再構築、および都市経営の再定義という5つのテーマについて検討する。

コミュニティの構築

最初のテーマは非常にわかりやすいテーマだ。コミュニティガーデンの最も重要な機能の1つはコミュニティの構築である。ガーデナーとなる人々が共に働き、食事をし、時間を過ごすことで、コミュニティガーデンは人々を結びつける。コミュニティガーデンは益々細分化された社会に住む人々を結ぶ役割を果たす。例として、シアトルのP-Patchコミュニティガーデンプログラムを取り上げてみよう。このプログラムは、コミュニティを構築するという使命を担う近隣住区を担当する部局の下で行われている。どのようにコミュニティガーデンが建設され、運営や維持ができるかには、このP-Patchプログラムの制度が色濃く反映されている。コミュニティガーデンは、市役所から与えられるものではなく、大概はボランティアや専門家の助けを借りてガーデナー自身が設計、開発、建設する。そして、人々が互いにつながる機会が提供される。P-Patchプログラムの下、ガーデナーは社会的なイベントのための空間を確保することも奨励されている。これによって、ガーデンは地域社会における集会の場として機能する。この社会的なスペースで、人々は料理や食べ物を楽しみ、若者と老人、さまざまな民族や文化的背景が異なる人々をつなぐ素晴らしい取り組みなど、さまざまな地域づくり活動を行うことができる（表1）。

シアトルのプロジェクトの多くは、近隣マッチング基金（Matching Fund）と呼ばれる行政の事業プログラムを通じて資金提供されている。現在、2種類の助成金が利用可能だ。5千ドルの助成金は年中いつでも申請することができ、2万5千ドルの申請は年3回行える。これらは莫大な金額ではないが、コミュニティの中で、地域住民が先導的なことを目指すことを奨励するのには十分である。マッチングファンドプログラムとして、それぞれのコミュニティは市からの資金援助にマッチする活動を実際に行う必要がある。これらの活動は1時間あたり20ドルの対価を得る有償ボランティアによる労働としての形をとることもできる（Seattle Neighborhoods 2019）。

場所	活動
インターベイ地区 P-Patch プログラム	・季節の集まり：クリスマスリース作り、新年の夕食、夏至パーティー、7月4日パーティー ・特別なイベント：ジャズ　イン　ザ　ガーデン、ビッグファット、ギリシャピクニック ・募金活動：ダリア植物の販売、蜂蜜の販売 ・ツアー、ワークショップ、教育 ・堆肥 / 土曜日のスープスペシャル ・金曜日の夜のポットラック（持ち寄り夕食会）
シスル地区 P-Patch プログラム	・ボランティアの作業日
ダニー・ウー地区 国際コミュニティガーデン	・ツアーとワークショップ ・ボランティアの作業日（1か月あたり 1-2 度） ・毎年恒例の豚のローストパーティ
ブラドナーガーデン	・ツアー、ワークショップ、デモンストレーション ・子供のための庭の活動 ・植物販売 ・コンサート（随時） ・年次イベント：大晦日のたき火、ハロウィーンパーティー、7月4日のパーティー
マラ農場	・ボランティアの作業日 ・毎年恒例の秋のお祭り
マグニヨン地区 P-Patch プログラム	・オープンハウスイベント（1年目） ・子供の庭での活動 ・円形劇場のイベント：音楽、ドラマなど ・ボランティアの作業日

表1　シアトルのコミュニティガーデンでの社会的およびコミュニティ活動のリスト
（出典：Hou, Johnson and Lawson 2009）

写真3　教育機会の場所としての西シアトル　ビー・ガーデン

都市と生態系をつなぐ役割

コミュニティガーデンの2番目の特徴は、都市と生態系のつながりを構築する力だ。つまり、都市環境における自然や自然のプロセスとの関係性である。台北の最初の屋上コミュニティガーデンの1つであるジンアンディンガーデンでは、ガーデナーやボランティアが野菜を栽培するだけでなく、堆肥化などのさまざまな活動を行っている。実験を重ねて、最終的には、コーヒーかすを使用して臭いを減らすユニークな堆肥化方法を完成させた。雨水貯留ろ過、再利用の取り組みも行っている。数年前にここのガーデナーと話をした時、彼らの誰もが以前には庭というものを作ったことがないことを知って驚いた。ガーデニングを始めて1年以内に、彼らはどのような種類の植物をどの季節に栽培するかなど、農業生産に関する広範な知識を獲得していた。これらのガーデナーは、ガーデンを通じ家族や友人をつないだり、園芸を通じて得た生態系や農業に関する知識について、互いに情報交換したりすることができる。

コミュニティガーデンで育てるミツバチは、都市居住者を生態学的な知識やそのプロセスに再び目を向けさせるための新たなきっかけとなる。農薬の使用レベルが低いため、都市はミツバチの個体数を回復することのできる重要な場所であることが判明した。コミュニティガーデンには豊かな植生もあり、養蜂場を持つには絶好の場所だ。西シアトル　ビー・ガーデンの例をみると、養蜂

写真4　シアトルのキャピトルヒル周辺に位置するアンペイビング・パラダイスは、以前の駐車場だ

の場が大人や子どもに、人間の影響がミツバチ個体群に及ぼしている問題について学ぶ機会を提供していることがわかる（写真3）。台北では、ミツバチの飼育は、地元の生涯学習講座や、成人向けの非営利教育プログラムで提供されるクラスでも人気が高いプログラムである。

空きスペースの活性化

コミュニティガーデンのもう1つの重要な側面は、都市の利用率の低いスペースを、生産的で活気のあるコミュニティがある場所に変えることだ。未利用地を活性化する能力である。シアトルでは、市内で最初のコミュニティガーデンの1つは送電線の下にあった。高速道路に隣接する空地にもガーデンがある。たとえば、ダニー・ウー国際地区のコミュニティガーデンは、シアトルのダウンタウンで最大のコミュニティガーデンであり、主に高齢者移民のガーデナーに活躍の場を提供している。

空いているスペースをコミュニティの都会のオアシスに変えたもう1つの事例は、かつての駐車場にできたアンペイビング・パラダイスという P-Patch プログラムである（写真4）。この小さな敷地は駐車場から公園に変更されたのだが、参加型の設計プロセスの中で、住民はコミュニティガーデンをそこに組み込むように求めたのだった。ほかにも、駐車場の事例として、庭園化P-Patch プログラムは、ドライバーが通常駐車することを好まない高層商業ガレージの最上階を活性化するコミュニティガーデンだ。最上階にあるため、ガーデナーと訪問者は、シアトルのダウンタウンのスカイラインの景色を楽しむことができる。 庭園化 P-Patch プログラムは、十分に活用されていないスペースを生産的な空間に変えた。このプロジェクトは、２０１４年にワシントン州で最優秀デザイン賞を受賞したものでもある。シアトル最大の都市公園であるマグナソン公園にあるマグナソン P-Patch プログラムの場合のように、元軍事基地だった公園の中にコミュニティガーデンを作るという形もある。この公園全体は、３５０エーカー（約１４０ha）という広大なものだ。

公共空間の再構築

コミュニティガーデンの次の重要な側面は、現代の都市で公共空間がどのように作られるかを変える方法となることである。特に東アジアでは、多くの場合、都市の公共空間とは、政府や関連機関によって作られる空間を指す。それらは「公的な空間」である。市民からの何らかの働きかけがあったとしても、これらのスペースは依然として公共のものである。もっとも、場合によっては民間企業によって設計、建設、管理されていることもある。一方、コミュニティガーデンは、市民が、最初から最後までパブリックな空間の作成に直接関与することとなる。

西シアトルに位置するバートンストリート P-Patch プログラムは、そのような例の一つである。ガーデンの設計は、プロの造園家によるサポートで作られた。しかし、それ以外は、ガーデナーやボランティアが自分の家で見つけた材料や品物を提供し、すべてを自分たちで作った（写真5）。たとえば、住宅の改修のおりに使われたものの残りが、ガーデンの材料になったりした。シンプルで即興的な取り組みとして始まったものが、時間とともに、数多くの手の込んだ彫刻になったりした。ガーデナーやボランティアによって作られたアート作品である。クモの巣のような敷地の計画図に触発された巨大なクモの彫刻まである。コミュニティの人々は、これらの建設のプロセスを最初から最後まで、記録に残している。

写真5　バートンストリートP-Patchは、コミュニティメンバーによって作成されたパブリックスペースを表す

バートン通りのP-Patchプログラムのプロセスは、コミュニティとパブリックスペースの関係を変えた。パブリックスペースは、地域の人々が作るものになったのだ。コミュニティガーデンを作成するプロセスは、まさに、コミュニティを構築するプロセスにもなる。

都市経営の再定義

最後に述べたいのは、コミュニティガーデンは、個々の場所や個人的な楽しみだけのものではないということだ。都市における農業や食糧問題に関心を持つ人々が集結することによって、都市の土地利用に関する政策や経営に対して大きな影響を与えることができる。台北では、コミュニティガーデン活動や都市農業運動はFUN（都市農業ネットワーク）が主導している。これはコミュニティガーデン活動と都市食料問題に熱心な人たちが研究者、専門家、そしてNGOの創設者などと協働して作っているものだ。2014年、彼らは台北の市長選挙で、都市農業とコミュニティガーデン活動を支援する政策を持つ政治家を支持すると決定した。先導的に命名された「アーバンガーデニング」または「ガーデンシティ」は、当時のコ・ウェンジェ候補の政策上、主要なキャンペーンの一つとなった。コ氏が選挙に勝利し、市長として就任した後、市の組織全体が動き、ガーデンシティとしての先進的な政策を実施していった。

　市長による直接の指示のもとで、各部局では調整が行われ、さまざまな部局に先導的な数々の政策が割り当てられた。公園及び道路の関連部局では、総括的な政策とその実施を担当していた。教育関連の部局は学校の校庭を担当した。経済開発局は屋上庭園などを担当した。政策の実施に参加しているのは行政機関と関連する部局だけではない。特に啓発や教育活動においては、NPOや専門家が重要な役割を果たした。コミュニティ大学は台湾のNPOであり、重要な組織である。台北に置かれた13の教育施設を通じて、都市のガーデニングに関心のある何百、何千もの市民をトレーニングする多くの講座を提供している。その広範なネットワークは、これらの教育啓発を短時間で行うためのサポートも可能だ。有機的農法から料理に至るまで、都市のガーデニングのさまざまな

写真6　公共広場はコミュニティガーデンに作り替えられた

側面を住民に教えるために、少なくとも12のクラスが常に開かれている。
今日、市の支援を受けて、新しいコミュニティガーデンがまちのさまざまな場所に出現している。公共の広場でさえ、コミュニティガーデンに作り替えられることもある（写真6）。学校の庭については、最初は教師から反対されたものだが、実は大変成功している現場でもある。市はまた、都市のガーデニングを促進し、それらに興味のある人に情報やさまざまな資源への簡単なアクセスを提供するための情報提供センターを支援している。市の機関全体が政策に基づいて動いているし、コミュニティ大学というシステムを含むNPOの支援も受け、最初の4年間の結果は実に注目に値するものであった。2019年3月末までのわずか4年の間に、市内全体で725以上のコミュニティガーデンが存在するようになり、16万人以上がこれらに直接参加している。これらは官民協働の結果であり、従来の都市経営に代わる新しい枠組みとなることを示唆している。

コミュニティガーデンを超えて

結論を言おう。ここで強調してきた5つの側面を通じて、コミュニティガーデンは、単なるガーデニングの行為を超えるものだ。そして私たちの都市環境で重要な役割を果たすことができることは明らかだ。具体的には、都市における社会的および生態学的なつながりを再構築するための重要な場を提供する。

また、都市の空きスペースや未利用スペースを活性化する素晴らしい方法として機能もしている。これらは、市民が都市環境の形成において、より積極的な役割を果たすことを可能とする。最後に、それらは都市経営のさまざまな段階を刺激する。そこでは、さまざまなセクター間の協働が含まれている。コミュニティガーデン活動の複数の役割と利点は、世界中の都市で重要な貢献をもたらす。

ガーデニングは、身体と心をつなぎ、個人の精神的および肉体的健康に貢献する内側に向く行為であるが、集団や公の場で実践されると、社会に大きな影響を与える可能性がある。ここで概説した生産と貢献をもたらすコミュニティガーデンは、市内の他の形の実践的な空間づくりに対する教訓も示唆している。具体的には、都市環境の変革における個人とコミュニティのあり方について提案することになる。このようなあり方には、コミュニティの構築、都市の再生、および都市経営の再構築のプロセスが含まれている。コミュニティの活動はまちを繰り返し再生させ、協働がもたらす素晴らしい創造性が内包される。

コミュニティガーデンは単なるコミュニティガーデンを超える存在となる。

【注・文献】

Bellows, A.C., Brown, K., Smit, J. (2004) Health benefits of urban agriculture. Portland, OR: Community Food Security Coalition's North American Initiative on Urban Agriculture.

Guitart, D.A., Pickering, C., Byrne, J. (2012) “Past results and future directions in urban community gardens research”, Urban Forestry & Urban Gardening (11), pp. 364-373.

Hou, J. (2010) Insurgent Public Space: Guerrilla Urbanism and the Remaking of Contemporary Cities. London and New York: Routledge.

Hou, J., Johnson, J., and Lawson, L. (2009) Greening Cities, Growing Communities: Learning from Seattle's Urban Community Gardens. Seattle: University of Washington Press.

Hou, J., Johnson, J., and Lawson, L. (2013) I Breathe in Urban Space: Community Gardens, Seattle. In Hayashi, Mayumi (ed.), Practice! Community Design, pp. 90-111. Tokyo: Shokokusha Publishing Co.

King, C.A. (2008) “Community resilience and contemporary agri-ecological systems: Reconnecting people and food, and people with people”, Systems Research and Behavioral Science (25), pp. 111- 124.

Lawson, L., Drake, L. (2013) “Community gardening organization survey 011- 2012”, Community Greening Review (18), pp. 20- 47.

Okvat, H.A., and Zautra, A.J. (2011) “Community gardening: A parsimonious path to individual, community, and environmental resilience”, American Journal of Community Psychology (47), pp. 374- 387.

Seattle Neighborhoods. (2019) Neighborhood Matching Fund 2019 Guidelines. Available online: https://www.seattle.gov/Documents/Departments/Neighborhoods/NMF/nmf-guidelines.pdf. (Accessed September 21, 2019)

Saldivar-Tanaka, L., Krasny, M.E. (2004) “Culturing community development, neighborhood open space, and civic agriculture: the case of Latino community gardens in New York City”, Agriculture and Human Values (21), pp. 399- 412.

Warner, SB. (1987) To Dwell is to Garden. Boston: Northeastern University.

バイオフィリック・シティ・イン・ア・ガーデン（生物共生都市）
自然の回復とコミュニティの形成

レオン・チー・チュウ

本稿は、平成30年10月3日に行われた淡路景観園芸学校開校二十周年記念シンポジウム時のシンガポール国立公園庁レオン・チー・チュウ副長官による基調講演「バイオフィリック・シティ・イン・ア・ガーデン」をまとめたものである。

はじめに

兵庫県立淡路景観園芸学校の開校20周年の記念すべき日にお招きいただき、心から御礼申し上げます。

本日の講演は、最初にシンガポールの緑化政策の原点ともいうべきシンガポール植物園について、次に「ガーデン・シティ」から「シティ・イン・ア・ガーデン」に至る経緯について、最後に「バイオフィリック・シティ・イン・ア・ガーデン」について、大きく3つの構成で説明いたします。

シンガポールの植物園の黎明

シンガポールの植物園は、1819年にトーマス・ラッフルズ卿が上陸し、

1　「バイオフィリック・シティ・イン・ア・ガーデン」

2　開設当初のシンガポール植物園エントランス

3　ヘンリー・リドレイ初代園長（左）と矢筈彫りされたゴムノキ

同年フォート・カニングにグローブやナツメグ等のスパイス植物を集めた植物園と実験園が設置されたことに始まる。来年（２０１９）は、開設から２００周年を迎えるため、記念事業として植物園の再生を進めている。再生といっても、現在フォート・カニングにあるシティセンター等の建物を移転し、植物園を復元整備するのではない。当初の植物園の区域内の道の中に、スパイス植物の植栽など、デザインを駆使し、イメージによる植物園の再生を目指しているのである。

シンガポール植物園前史

現在のシンガポール植物園は、１８５９年に農業・園芸協会による民間の遊園としてスタートしたが、１８７５年に経営が破綻し、イギリス総督府に引継がれた。イギリス政府は監督者や多数の植物学者をキューガーデンから派遣し、シンガポールや東南アジア域の植物や植生の研究に着手した。

１８８０年代にナタニエル・カットリーが管理者となると、緑化樹、都市緑化についての研究が始まった。現在街路樹として、シンガポールの街並みを美しく飾るレインツリー（*Samanea saman*）は彼が南米から移入したものである。そして、１８８８年に、初代園長としてヘンリー・リドレイが着任し、東南アジア域の有用植物の研究と展示に力を注いだ。彼は、シンガポールで初めてゴ

4　蘭研究室内のR.E.ホルタム（1928）

5　郡場寛博士

ムノキの栽培に成功すると、ゴムノキを枯らさない矢筈彫りによる生木採集法を開発した。そして彼はプランテーションのオーナーに対しゴムの栽培を強く推奨し、天然ゴムは、東南アジアの主要な産業となった。この当時、シンガポール植物園では、年間７００万粒のゴムノキの種子を生産し、東南アジア各地に供給していた。２０１５年、園内に彼の実績を示すコーナーを設置している。

植物園の歴代園長の中でもとりわけ有名なのがＲ・Ｅ・ホルタムである。彼は、１９１６年にフラスコ内で蘭の種子の発芽を成功させ、交配種（オーキッド・ハイブリッド）の作出に着手した。現在でも蘭の交配は植物園の最も重要なプログラムの一つとして受け継がれている。１９５６年以来、作出した２３０種以上の蘭（オーキッド・ハイブリッド）に日本をはじめ海外の皇族、王族等のＶＩＰの名前をいただいている。

植物園の歴史のなかで大変興味深いのが、１９４２年～１９４５年の日本統治の時代である。占領後直ちに昭和天皇の命を受けたと伝えられる田中館秀三がラッフルズ博物館館長、植物園長となり貴重な資料の散逸を防いだ。そして１９４３年に郡場寛がシンガポール植物園長として着任し、戦時下にあってもＲ・Ｅ・ホルタムやＥ・Ｈ・コーナーらイギリス人による研究を継続させ、植物園の資料、機能を終戦まで守り続けた。植物園の危機を救った郡場博士は今もなお尊敬され続けている。園内には、現在も当時オーストラリア人捕虜が

6　植物園の集会で演説するリー・クアンユー（1959）

作った煉瓦の階段を見ることができる。

戦後再びイギリスの統治下になると、島の開発が加速した。このため、1951年に自然保護区法令が制定され、3250haが自然保護区に指定され、シンガポール植物園の管轄下に置かれた。植物園は1880年代からの植物研究に加え、1950年代には自然環境保全に関しても重要な役割を担うようになったのである。

シンガポール植物園は、文化の面でも歴史を刻んでいる。初代首相であるリー・クアンユーは、独立前に、多民族・多様な文化の融和を新しい国づくりの理念として掲げ、民衆への啓蒙と実現を目指し、1959年に多くの集会を開催した。彼は、最初の地にシンガポール植物園を選び、数千の聴衆を前に民族と文化の融和を訴えたのである。

ガーデン・シティへの潮流

リー・クアンユーは、シンガポール独立前年の1963年6月16日に、ファラーサーカスにピンク・メンパット（*Cratoxylum formosum*）を植樹した。これが、以後50年以上続くシンガポールの「植樹キャンペーン」のはじまりであり、「ガーデン・シティ」への第一歩を踏み出したのである。この年、シンガポール植物園は植物分類等の研究機能が縮小される一方、1960年代から1970年

7 シティ・イン・ア・ガーデンの中心 シンガポール植物園

代にかけて、1880年代の緑化樹供給のように、苗木等の植物材料の供給等、都市緑化に対する役割が大幅に強化された。また、公園やガーデン・シティのプロモーションに従事する人材育成のため、園芸学校を運営し始めた。

リー・クアンユーはなぜガーデン・シティを推進したのか、彼には3つの信念があった。第一に、豊かな緑は、他都市との差別化を図り、多大な経済効果をもたらすと確信していた。第二に赤道直下の過酷な気候に対する緑による居住環境の向上である。そして第三に多民族国家における平等性、緑の恩恵はここに暮らす者に等しく享受されると信じていた。

シンガポール植物園の役割

1983年に、アメリカに渡り植物の研究者となっていたタン・ウィ・キャットをシンガポール植物園の園長に招聘した。彼は、植物園での研究、維持、教育を重視していたが、政府は、シンガポール植物園の研究機能を保ちながら、国を代表するレクリエーションの拠点とするよう命じた。彼は、1989年に研究とレクリエーションを両立させたシンガポール植物園再開発マスタープランを取りまとめて政府に提出した。余談であるが、本日通訳を務めている稲田純一さんと私は、タンのもとでマスタープランの策定に従事していた。現在のシンガポール植物園は概ねこの計画に基づき再生されたものである。

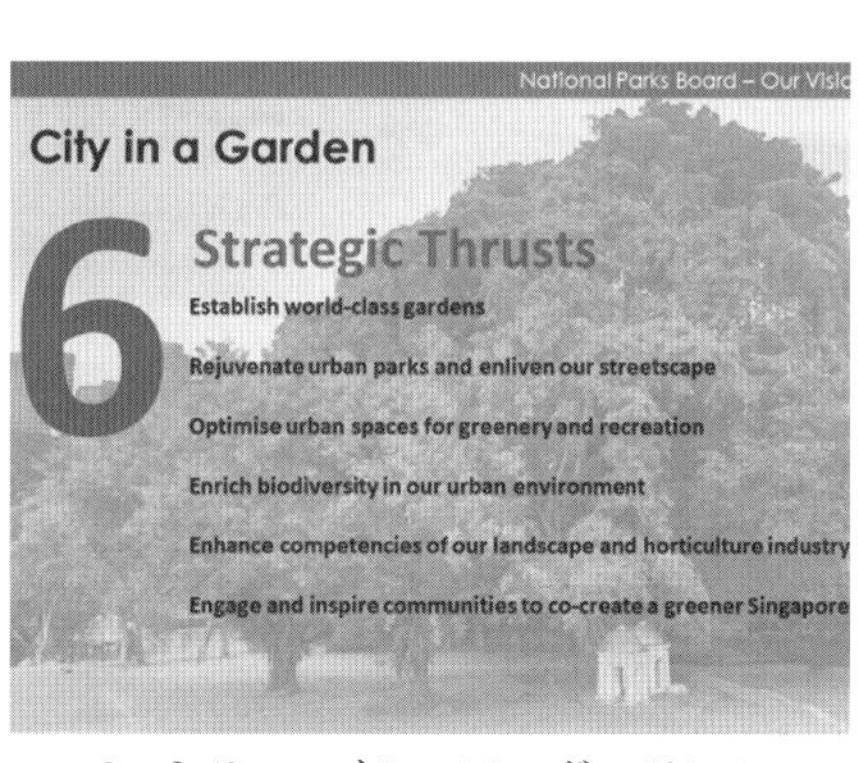

8　シティ・イン・ア・ガーデンの
6つの戦略目標

9　中央高速道の街路樹
樹木の選定により季節感を演出

１９９０年、政府は組織を再編し、現在の国立公園庁を設置した。これを機にシンガポールは、新たな国づくりのコンセプトとして「シティ・イン・ア・ガーデン」を掲げ、世界トップレベルのグリーンシティを目指した。

「シティ・イン・ア・ガーデン」推進の中心的な役割を担ったのは、もちろんシンガポール植物園である。今日シンガポール植物園は、世界最高の熱帯植物園として評価されるまでになり、２０１５年、イタリアのパドヴァ植物園、イギリスのキューガーデンに続く、植物園として三カ所目となる世界文化遺産に登録されたのである。

緑豊かな都市への道「シティ・イン・ア・ガーデン」

シティ・イン・ア・ガーデンは、次の6つの戦略的政策目標を掲げている。それぞれの具体例について紹介しよう。

◇目標1　世界トップレベルのガーデン・シティの実現

シンガポール植物園に次ぐ2カ所目の世界レベルの植物園として、園芸ショウを展開する「ガーデンズ・バイ・ザ・ベイ」を開設した。さらにシンガポールの西部に3カ所目の国立公園として、コミュニティや人々の心のよりどころとなる「ジュロン・レイク・ガーデンズ」の整備を進めている。

◇目標2　時代ニーズに対応した都市公園整備・道路景観の形成

10　スカイライズ緑化の例
パークロイヤル（ホテル）

11　ブキ・ティマ自然保護区

３つの国立公園ばかりでなく、住区の都市公園の再生に力を入れている。こうした住区の公園は、地域コミュニティにとって重要な公園であり、子供のための遊具の設置など新たなニーズに合わせた再生を進めている。

道路緑化はシンガポールがもっとも力を入れている政策の一つで、在来種を中心に植樹を行っている。例えば秋を感じさせるような葉色の植物を導入するなど、美しい道路景観の形成を目指している。

◇目標３　緑化とレクリエーションのための都市空間の最適化

レクリエーションに関する大きな柱の一つが、公園をペデストリアンで繋ぐパークコネクターである。公園や自然保護区が、車から隔てたペデストリアンで結ばれることで、巨大な一つのレクリエーション空間となり、多くの需要を生み出している。

緑化に関して、シンガポールは小さな都市ゆえ、建築物の持つ空間に着目した新たな緑化政策として「スカイライズ緑化」を推進している。屋上の他、壁面など大胆な建物緑化を施し、その面積は約１００haに及んでいる。

◇目標４　都市域の豊かな生物多様性

シティ・イン・ア・ガーデンは、単なる都市緑化の推進のみを意味するものではなく、豊かな生物多様性の実現をも重視したものである。

すでに触れたように、現在シンガポールには、４カ所３０００haを超える自

12　国立公園庁が設置した人工巣に営巣するキタカササギサイチョウ

13　シンガポールの象徴的動物となったビロード・カワウソ

然保護区域が設定されており、本来の自然のままの状態を保全している。

生物の生息環境の整備、種の再生プログラムにも取り組んでいる。シンガポールでの絶滅種の一つであったキタカササギサイチョウ（*Anthracoceros albirostris*）の一つがいが１９９０年代にウビン島に帰ってきた。人工巣の設置プロジェクトを実施した結果、現在シンガポール植物園をはじめ国内に１００つがいほどが生息するまでになった。ビロードカワウソ（*Lutrogale perspicillata*）もその一つである。現在ではガーデン・バイ・ザ・ベイの海岸で悠々と魚を取る光景を目にすることができる。大変驚いたのだが、実は先月、シンガポール植物園で初めてカワウソに遭遇した。

これらの生物は、都市開発、そして密猟も要因となり一度はシンガポールから姿を消してしまったが、１９６３年の植樹キャンペーンから半世紀を超える緑化政策により、植樹した樹木が成長し、生物にとって食物が豊かで心地よい生息環境となり、今や生物自ら、近隣諸国からシンガポールを目指すようになっている。そして、大変幸運なことに、シンガポールは、世界有数のハイテク都市に暮らす我々の間近で、大自然の中でしか遭遇できないようなワイルドライフ、バードライフが日常的に営まれる都市へと変貌しつつある。

◇目標5　造園・園芸企業の能力向上

シンガポールには６００万本の緑化樹木が植えられており、これらを効率か

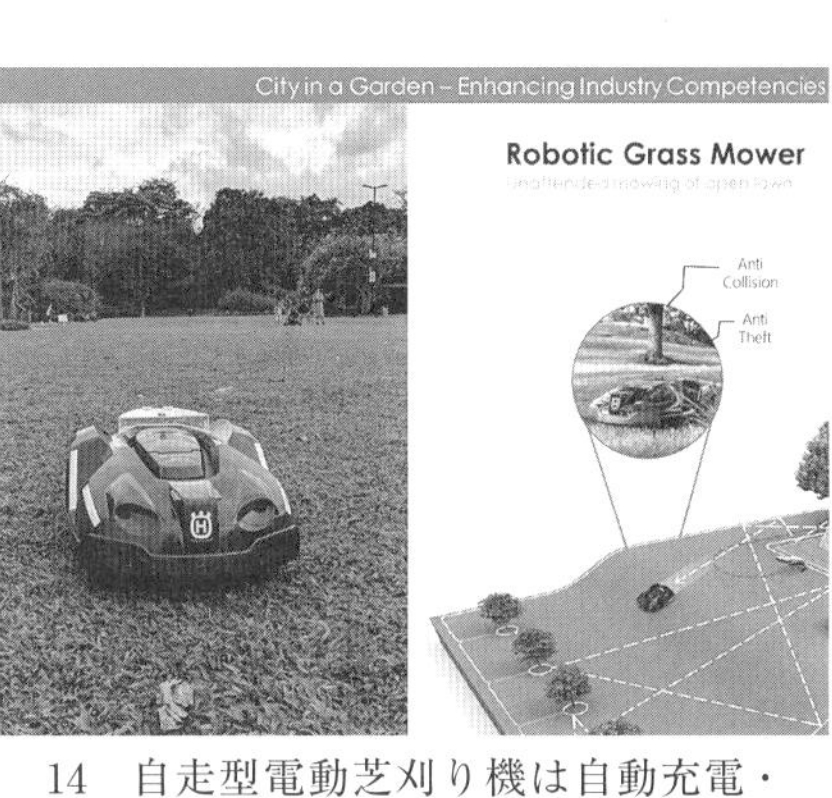

14　自走型電動芝刈り機は自動充電・運転の優れもの

15　シンガポールガーデンフェスティバル

つ効果的に管理しなければならない。またこうした維持管理作業に対する人手不足、特に若者の就労離れは深刻であり、このため政府と企業が一体となって、魅力ある職としてのイノベーションを目指し、作業機械の開発、海外からの導入を進めている。例えば、幹の状態を検査する小型軽量のレジストグラフ、また自走型電動芝刈り機は電池が無くなると自動的に充電地点に戻るため、無人状態で設定エリアを昼夜を問わず刈りまくる。ドローンは、これまで人が木を登るなりして目視していた高所の樹木の状態を、簡単に確認することを可能にした。このような作業の機械化は、現場の負担を軽減し、若者の造園・園芸離れをくい止め、就業への呼び水となることを期待している。

◇目標6　コミュニティとの協働による緑豊かなシンガポールの実現

テクノロジーの一方で、主役はあくまで人でなければならない。我々は人々を公園に導くためのプログラムを実施し、様々な人が公園に係わりを持てるよう努力を積み重ねてきた。なぜなら、コミュニティこそが、シティ・イン・ア・ガーデンを進める上で強い後ろ盾となるからである。こうしたプログラムには、時として開発大臣や副大臣が参加することすらある。

シンガポールガーデンフェスティバルは最大規模かつ最も成功した祭典である。少しおこがましいが、世界的に有名なイギリスのチェルシーフラワーショウに対し、東のチェルシーフラワーショウと称されるまでに発展している。祭

16　世界で最も緑豊かな都市となった
シンガポール

表１

緑化種別	整備量	
庭園と公園	350	カ所
パークコネクター	313	km
自然保護区	3,347	ha
ネイチャーウェイ（生物の道）	80	km
スカイライズ緑化	100	ha
コミュニティガーデン	1,300	カ所
植樹木	6,000,000	本

典は、シンガポール植物園やフォート・カニング公園などの歴史的な公園ではその歴史遺産を重視するなど、それぞれの特性に応じた内容で実施している。

シティ・イン・ア・ガーデンの政策推進の結果、表に示すとおり、国内には現在３５０カ所の庭園・公園、３１３㎞のパークコネクター、３３４７haの自然保護区、さらに80㎞の生物のための道、そして６００万本の樹木が植樹されるなど、いまやシンガポールは、世界で最も緑豊かな都市の一つになったといっても過言ではない。

バイオフィリック都市へ

緑の都市として成熟し続けるシンガポールは「シティ・イン・ア・ガーデン」の次の目標として「バイオフィリック・シティ・イン・ア・ガーデン」へ舵を取りはじめた。

バイオフィリアとは、簡単に説明すれば、生物としての人間が生まれながら自然を求め、自然を必要とし、自然との共生への願望そのものである。

人間と自然とを強く結びつけるには、ランドスケープデザインの重要性は言うまでも無いが、バイオフィリックデザインはより自然的なものでなければならない。

バイオフィリックデザインを最初に取り入れたのが、シンガポール植物園のケッペル・ディスカバリー・ウエットランズ（湿地生態園）である。このコー

17　シンガポール植物園ケッペル・ディスカバリー・ウエットランズ

18　ジュロン・レイク・ガーデンズ湿地生態園

ナーは、バイオフィリックデザインの学術的実証モデルとして、200種以上の自生種の植栽を行うなど淡水湿地の植生を忠実に再現し、効果の高い観察路の整備を行っている。これらの植物は隣国マレーシアでさえ、河川を遡らないと観察できないものだが、植物園では、誰もが簡単に行ける場所に、ボードウォークを歩くことで、陸側ばかりでなく水側からも生態系を容易に観察できるよう工夫している。訪れた人は自然を体験し、自然と向かい合い、そして自然と一つになった自分を感じてもらえると思う。シンガポール植物園は、常にこの国の緑化政策を主導してきた。そしてバイオフィリックデザインにおいても先導的役割は変わることはない。

現在、植物園でのバイオフィリックデザインの結果を踏まえ、さらに発展させた「ジュロン・レイク・ガーデンズ」国立公園を整備している。ジュロン地区は、工業地帯だが、かつてはマングローブが覆う湿地であった。この公園は原風景であるマングローブ群落を含む湿地帯の再生をテーマとしている。2019年4月に当初開園すると同時に、自然生態園型の公園で初の園芸の祭典の開催準備を進めている。

バイオフィリアとコミュニティ

≪コミュニティガーデン≫

19　セラピューティックガーデンでの
プログラム実施状況

20　民族融和を目指したコミュニティ
ガーデンプログラム

　シンガポールでは、こうしたバイオフィリアに基づき、人と自然を繋ぐことに成功し始めている。コミュニティガーデン政策も同様である。コミュニティガーデンのなかでも特に重点を置いているのが、セラピューティックガーデン（園芸セラピーを実践するガーデン）である。シンガポールにおいて、人口の高齢化は大きな課題である。民間資金の協力を得て10カ所のセラピューティックガーデンを設置し、高齢者福祉への効果が期待されている。国立公園庁の第3セクターである「シンガポール緑化環境センター（ＣＵＧＥ）」と大学との共同研究により、高齢者がセラピューティックガーデンを訪れ、プログラムに参加することで、記憶力、社会性、老化の減少に効果があることが明らかになってきた。

　コミュニティガーデンの制度の一つである「コミュニティ・イン・ブルーム（花咲くコミュニティ）」について簡単に触れると、病院、企業、デザインスクールなど、官民団体により１３００カ所以上の自主的なコミュニティガーデンが設置されている。

　コミュニティガーデンは、平等な国づくりにも大きな役割を担っている。シンガポールは中国系、マレー系、インド系等多様な民族からなる国であり、民族が融和し平等な社会をつくることがこの国の大原則である。様々な民族が協働し、作業を通じ一つの作品を作りあげるガーデニングは、民族が融和する平

21　市民サイエンティストによる野鳥観察会

22　コミュニティオーナーシップ制度により活動するパークフレンズ

等な社会実現に大きな成果を上げている。

≪自然調査コミュニティ≫

もう一つの重要なプログラムが自然調査コミュニティの育成である。シティ・イン・ア・ガーデンにおいて、生物多様性を確保するには、科学的なデータが不可欠である。現在、シンガポールには学生、主婦など、多様な人々からなる2千人を超える市民サイエンティストが登録されている。彼らは、植物、鳥、蝶などさまざまな専門分野を持ち、自然観察会や学習会を主催するほか、国立公園庁の生態調査に協力している。市民科学者は、調査による鳥、蝶等の生物の発見、生息情報を国立公園庁のシステムに入力できるが、いまやシンガポール全土を網羅する巨大な生物種データベースを構築するまでになった。彼らは、生物に関する有益な情報を提供してくれる重要なパートナーなのである。

≪コミュニティオーナーシップ≫

政策の一つに、コミュニティオーナーシップ制度がある。公園には散策する人、遊ぶ人など利用は様々だが、公園で何かをしたい、協力したい、そして運営を担いたいという意識を持つ人も多いことが明らかになってきた。我々はまず「パークフレンズ」というプログラムをスタートさせた。パークフレンズの活動は、植樹、自然保護など様々である。一例として、パークコネクターフレンズでは、公園の巡視はもとより、公園のイノベーション、プログラム企画などコミュニティ自らがアイデアを出し、自主的に運営するに至っている。

おわりに

最後に、我々が未来に向けどのように取り組んでいくべきか、その方向性の全てを一枚のスライドに凝縮している。シンガポール植物園は、常に高い志を持ち、パイオニアであることを自負し、様々なプログラムを積み上げ、バイオフィリックデザインを実践してきた。そしていま、この志と魅力的なガーデンを融合させ、シンガポールをシティ・イン・ア・ガーデンから、真のバイオフィリック都市となるよう走り続けなければならない。

参考までに、国立公園庁の予算規模であるが、幸いにも政府は我々の計画実現に協力的で、国家予算は、国立公園庁の運営費 年間2・3億SD、建設整備費 1・3億SDである。この他に公園からの収入など自主財源として年間0・5億SDを計上している。

ご清聴ありがとうございました。

© Leong Chee Chiew

基調講演通訳　稲田純一（淡路景観園芸学校特任教授）

翻訳　塚原淳（淡路景観園芸学校副校長）　同協力　稲田純一

23　講演を締めくくったバイオフィリック都市シンガポールの未来像

写真出典
掲載写真はすべて基調講演で用いられたもので、次を除きすべてシンガポール国立公園庁の提供
写真 2,3,4,5
シンガポール国立公園庁、シンガポール植物園アーカイブ
写真 6
イギリス国立公文書館資料

Photo No.2,3,4,5
Courtesy of Singapore Botanic Gardens Archives,National parks Board,Singapore
Photo No.6
Courtesy of the National Archives UK
All other pictures courtesy of the National Parks Boards,Singapore

シンガポールにおける園芸療法の展開

金子みどり

TGの入口は日常生活からの解放を示している

ホートパーク（Hort Park）にある
セラピューティックガーデン（Therapeutic garden:TG）の入口

シンガポールの園芸療法との出会い

２０１８年10月、淡路景観園芸学校は、開学20周年記念シンポジウム「ランドスケープの新潮流セミナー～アジアでは今　まち・ひと・にわ～」を開催した。このシンポジウムで、シンガポール国立公園庁レオン・チー・チュウ副長官の講演があり、公園での園芸療法に取り組み始めたという紹介があった。国立公園でどのような園芸療法を展開しているのだろうか、シンガポールの取り組みに興味をもった。そして、本校の特任教授であり、長くシンガポール政府の一員として緑化政策に関わった稲田純一先生のご紹介で、２０１９年8月、セラピューティックガーデンとそのガーデンを利用した園芸活動を国立公園庁の園芸療法士　マクセル・Ng氏の案内で調査する機会を得た。

シンガポール共和国は、都市国家という国全体がひとつの都市であり、淡路島とほぼ同じ面積（人口は兵庫県とほぼ同じ）の島国である。１９６５年にマレーシアから独立して建国55年で、経済、教育、医療などの水準が世界のトップにランク付けされ、短期間での高成長は奇跡といわれている。今回の訪問で、２０１６年に開始された園芸療法も、短期間で国中に普及する勢いを感じた。

朝の公園の風景：高木の下で憩う婦人達

シンガポールが抱えている課題

シンガポールは、「人口時限爆弾（demographic time-bomb）」という問題にさらされている。「人口時限爆弾」とは、出生率低下と高齢化の進展により、人口減少と景気低迷の悪循環を生み出すことである。このシンガポールの高齢化は、日本をしのぐスピードで進んでいるという。そして、「シティ・イン・ア・ガーデン」として国をあげて取り組んできた「緑」と人の健康をつなぐ3つの理論「バイオフィリア仮説[1]」、「注意回復理論[2]」、「ストレス回復理論[3]」に基づき、「人口時限爆弾」に対応し始めた。

事前研究として、国立公園庁は、大学などと連携して、シンガポールに住む60～85歳の健康な高齢者へ、ガーデニング、公園散策など自然の要素を取り入れた園芸療法プログラムを実施し、調査票、血液検査で効果を調べた。その結果、身体面、精神面で、高齢者の健康づくりになり、同時に、参加者の社会的つながりにも顕著な効果があることがわかった。

また、対応の背景として、世界的潮流となっている「ヘルシーパークスヘルシーピープル（Healthy Parks Healthy People）」という、オーストラリアで始まった科学的根拠に基づいた動きも参考となったようだ。この考えの基本は、自然からの恩恵は健康の根源であり、環境と人の健康には重要なつながりがある。そして、この自然からの健康への恩恵を実現することがで

TGの入口にある案内版
(左) TGのレイアウト　(右) TGの説明

きる質の高い公園（ヘルシーパークス）は、あらゆる人々の身体的、精神的、社会的、スピリチュアルな健康（ヘルシーピープル）につながる。その効果は、費用対効果が大きいと報告されている。また、自然と人との関わりを用いたセラピーにもこの効果がみられ、園芸療法もそのひとつと紹介されている。

緑の活用「セラピューティックガーデン」

朝の公園を訪れると、散歩をする人、太極拳をする人々、集まっておしゃべりをする高齢の婦人達など近隣の住民が集まっていた。公園は、身近にある利用しやすい場であり、公園での健康づくりは、人々にとって無理のない自然な活動であることを感じた。

シンガポールには、国立公園庁が統括している約３５０の公園がある。２０１６年5月にその中のひとつホートパークに、環境心理学などの理論(4)をとり入れた、来園者の安らぎや高齢者、特に認知症高齢者の健康づくりを目的としたセラピューティックガーデン（ＴＧ）をモデルガーデンとして設置した。

その後、

２０１７年９月　Bishan-Ang Mo Kio Park, Tiong Bahru Park

２０１８年７月　Choa Chu Kang Park

と、高齢者の多い地域に次々とＴＧ（面積約９００㎡）を設置した。２０２１年

高層集合住宅にできたTG　©2019NParks

までに、11のＴＧを建設予定とのことだ。また、高層集合住宅街の広場など国立公園庁が統括している公園以外にもＴＧの設置が始まっている。

ＴＧの主な特徴は、

・駐車場が近くにあり、トイレなどの施設も隣接し、利便性が高い施設環境
・高木に囲まれているため、騒音を避け、日陰ができる環境
・園路は「丸」または「８の字」のため、認知症高齢者が道に迷うことがない単純なレイアウト
・スロープ状の花壇（０・４ｍから１・０ｍの高さ）は、大人、子ども、車イス利用者などすべての人が植物観賞しやすいデザイン
・イスの設置間隔は歩行距離を知る道標
・イスの構造は肘付きのため立ったり座ったりしやすい
・２カ国語の植物標識は多民族、多言語へ対応
・屋根のある広いスペースを設置し、集団での園芸活動に対応
・植栽された植物は五感の刺激、回想・民族への帰属感を引き出す
・植栽された植物は有毒性、接触による皮膚炎、棘、害虫の寄生に配慮

ＴＧとしての特徴はその他にもあり、詳細は、ガイドブックが発行され、ホームページにも公開されている(5)。

TGの特徴
(左) スロープ状の花壇　(右) 2カ国語で書かれたパンダンリーフの植物標識

緑の活用「TGでの園芸活動プログラム」

園芸活動は、TGを活動の場として、次のプログラムに分けられている。


「社会的園芸プログラム (Social Horticulture Programme：SHP)」

主にファシリテーターが、幅広い参加者へ、園芸活動を通して楽しさを提供するプログラム

「療法的園芸プログラム (Therapeutic Horticulture Programme：THP)」

訓練を受けた人が、参加者の健康上の課題を探り、目標を設定し、集団で植物や植物に関連した活動を長期間実施する健康づくりプログラム。

国立公園庁の関連機関であるシンガポール緑化環境センター (CUGE) は、「療法的園芸プログラム」の実践者育成プログラムを提供している。アメリカからも講師を招き、15のテーマについて講座を開講している。受講者は医療の専門職だけでなく、各公園の管理者も受講し、公園での園芸プログラムを実施しやすくしている。


「園芸療法プログラム (Horticultural Therapy Programme：HTP)」

訓練を受けたセラピストが、参加者の健康上の課題を探り、目標を設定し、個別で植物や植物に関連した活動を実施する治療プログラム

国立公園庁は、高齢者施設の担当者などをモデルガーデンのあるホートパ

園芸活動の様子①　TGに到着した参加者達

園芸活動の様子②　体操中の参加者達

ークに招待し、説明会を開き、園芸活動プログラムの広報活動を行っている。ホームページでも活動の紹介を行い、参加を募っている。園芸活動の参加費用は、慈善団体が支払っているため、原則参加者の費用負担はないとのことだ。

調査では、高齢者施設から来園した参加者への「社会的園芸プログラム」を見学した。参加者約15名は、TGに到着後、スロープ状の花壇に植えられた植物をファシリテーターの説明を受けながら観賞した。活動広場では最初に簡単な上肢の体操を行い、その後、ファシリテーター、施設から同行した介護者の支援を受けながら、パンダンリーフ（シンガポールで馴染みの甘い香りを持つタコノキ科のハーブ）の匂い袋作りを行った。最後に、評価表（フェイススケール）で今の気分を示した。園芸活動を実施するに当たり、時間をかけた準備は必要とせず、TGにある植物を有効に活用したプログラムだった。参加者の表情も時間の経過と共に笑顔へと変化し、このプログラムのねらいである楽しさを感じていることが窺われた。

おわりに

建国当時、特別な産業や資源がなく、熱帯で人口過密だった多民族国家のシンガポールを、初代首相リー・クアンユーは、「You will have a different city」として緑化政策を進めた（植物が生育すれば今とは違うシンガポールに

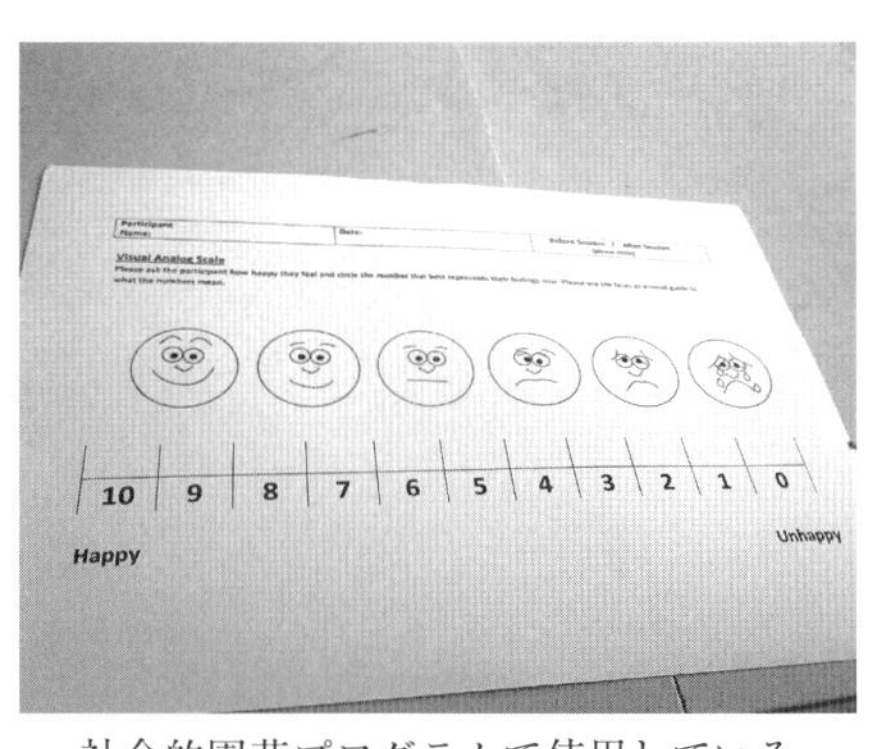

社会的園芸プログラムで使用している
評価表「フェイススケール」

園芸活動の様子③
完成した匂い袋を楽しむ参加者

なる)。

そして、わずか50年の短い期間に、世界で最も緑豊かな都市のひとつになり、国は発展した。次の50年に向けて、この国を維持するために「園芸療法」をあげている。今までの50年、この国の奇跡の繁栄を支えてきた国民が高齢となり、その人々の健康としあわせを守ろうとするものもまた「緑」となる。そして、これからの時代を担うマクセル・Ng氏はじめ若い世代の公園スタッフがこの任務についていることに今後のシンガポールでの園芸療法発展の高い可能性を感じる。

【謝辞】

シンガポールでの調査、この執筆に協力を賜ったマクセル・Ng氏に感謝する。

【注】

(1) Fromm,Erich(1973)「The Anatomy of Human Destructiveness」Holt,Rinehart and Winston

(2) Kaplan.R. and Kaplan.S.(1989)「The experience of nature: A psychological perspective」Cambridge University Press

(3) Ulrich.R.S. Simons.R.F. Losito.B.D. Fiorito.E. Miles.M.A. and Zelson.M.(1991)「Stress recovery during exposure to natural and urban environments」Journal of Environmental Psychology.11(3),201-230

(4) Erickson.M.S.(2012)「Restorative Garden Design: Enhancing wellness through healing spaces」Art and Design Discourse, JAD June2012,no.2

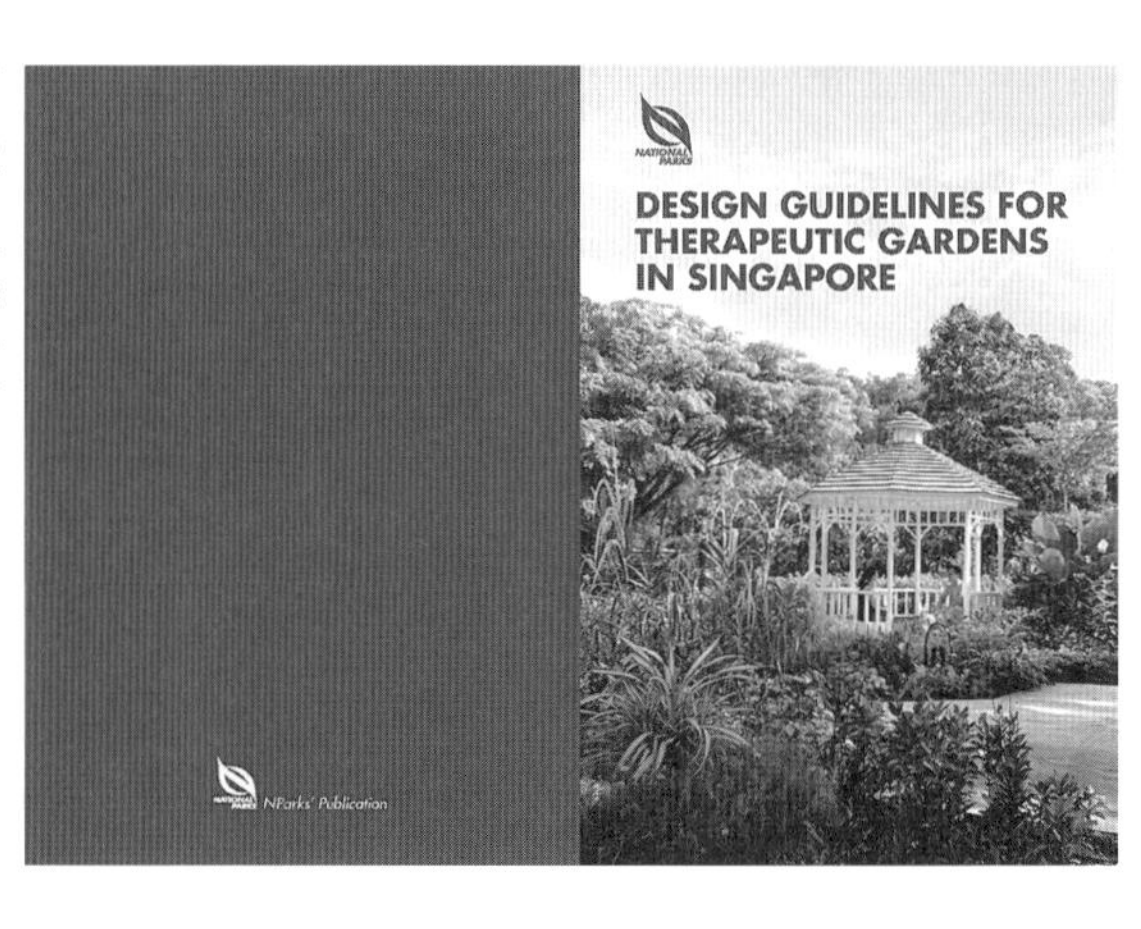

国立公園庁が発行している
ＴＧのガイドブック

（5）DESIGN GUIDELINES FOR THERAPEUTIC GARDENS IN SINGAPORE（2017）
https://www.nparks.gov.sg/~/media/nparks-real-content/gardens-parks-and-nature/therapeutic-gardens/designguidelines_for_therapeuticgardens_in_sg.pdf

【参考文献】

・Parks Victoria（2017）A Guide to Healthy Parks Healthy People-Parks Victoria.
https://parkweb.vic.gov.au/_data/assets/pdf_file/0008/693566/Guide-to-Healthy-Parks-Healthy-People.pdf（２０１９年11月30日閲覧）

・一般財団法人自治体国際化協会（CLAIR）シンガポール事務所
２００２年９月30日クレアレポート「シンガポールの緑化政策の概要」
http://www.clair.org.sg/j/wp-content/uploads/2018/03/rep_232-1.pdf
http://www.clair.org.sg/j/wp-content/uploads/2018/03/rep_232-2.pdf
（２０１９年11月30日閲覧）・

中国における緑環境の取り組み

沈　悦

中国の都市は急速な経済成長の下、年々開発の波が押し寄せ、都市基盤の肥大化と都市環境の劣化が課題となっている。この数年間、都市開発のスピードを抑え、都市の良好な生態系を形成していくことに社会から強い関心が集まっている。これまでの都市開発プロセスが未熟であり、事前に環境アセスメントを実施せず開発を進めた結果、都市に様々な欠陥が残り、近年になって、たくさんの問題が顕在化している。

この状況に対して「都市双修」という対策が提唱された。「双修」とは「都市の補修」と「生態の修復」を意味している。すなわち、開発中に生じた欠陥を補修することと、破壊された生態系を修復することである。これにより、これまでの開発中心の政策から環境整備へと、政策の重点を移行する方針である。2018年に国務院の「住房と城郷建設部」（国土交通省相当）が城郷計画(1)の所管を、自然資源部（環境省相当）に移行するという国レベルの改革を実行した。このことからも、環境を大切にする国づくりの姿勢がうかがえる。次に、いくつかの取り組みを紹介する。

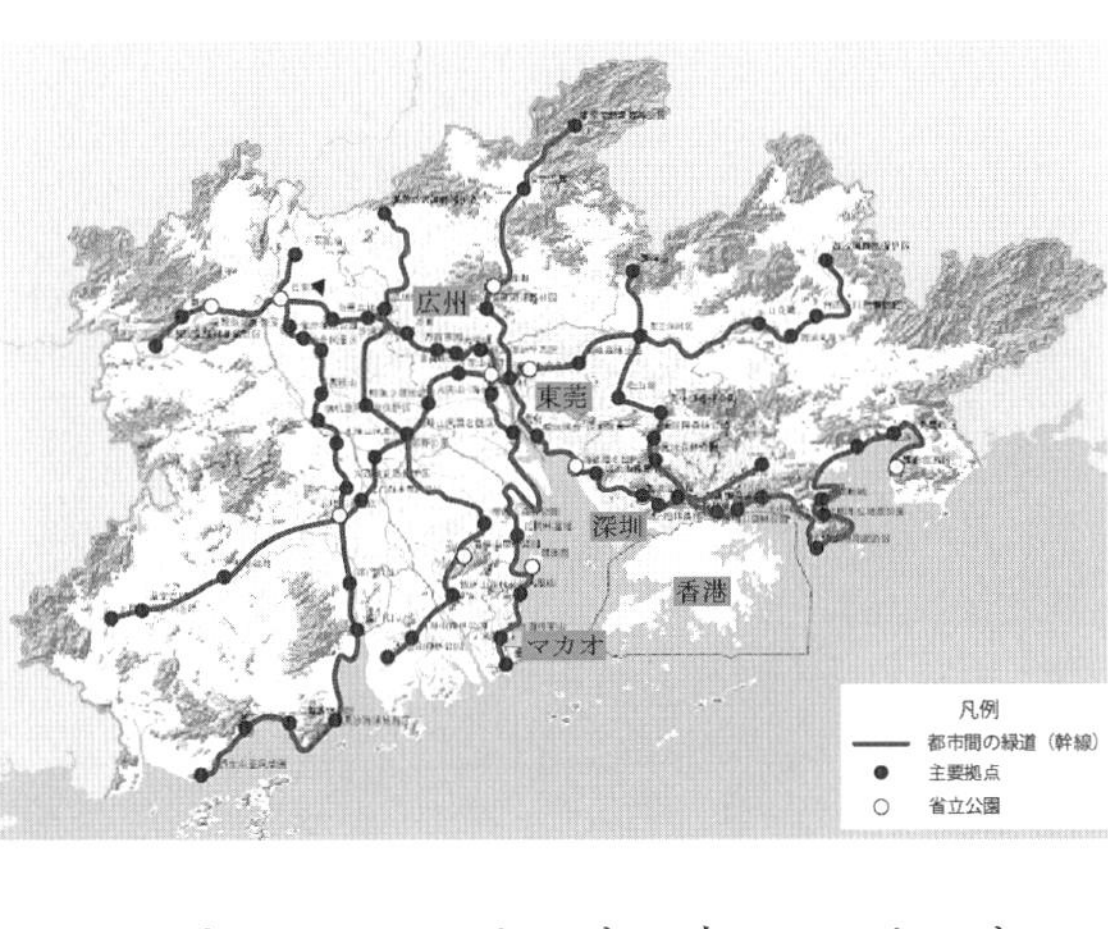

図1　広東省、深圳、マカオを含めた広域緑道公園計画図(4)

図2　東莞市にある幹線道路

図3　緑道のイメージ(4)

中心都市の一部機能移転と都市間の緑道ネットワーク

中国の「一線都市」(2)は、それぞれの地方の核として「一極集中」により拡大してきた。しかし、過剰な機能集中により、地価の高騰と環境の劣化が予想以上に進んでいる。それを緩和するため、近年、都市規模を拡大する従来の開発手法をやめ、都市の一部の機能を周辺の地方に分散する手法をとった。雄安新区はその一例である。河北省に位置する雄安新区は、北京市の「非首都機能」(3)の移転先として、良好な生態系の構築を目指し、社会試験をしながら整備を推進している。現地では、不動産への過剰な投資を防ぐために、すべてを賃貸契約に限るという制度設計を行っている。さらに、「スポンジ都市」と呼ばれるグリーンインフラを中心に、都市の基盤を整備する計画を策定した。現在、建設を始めたエリアには、公道での自動運転の実施やガソリン車の進入禁止など、ビッグデータを活かしたこれまでに無いまちづくりが進んでいる。

一方、南部地方の広東省では、広域の交通網の整備により既存都市間のネットワークを強化し、中心都市への過度集中を緩和し、都市の肥大化を抑えている。この交通ネットワーク形成では、高速道路や鉄道の整備だけでなく、緑道の整備により各地の自然資源や文化施設などをつなげている。これにより、サイクリストや歩行者が移動できる空間を確保し、生き物の移動にも寄与する空間を創出している。図1は広東省とその周辺地区の主要部の緑道計画である。

図5　企業団地内の一角（公園的な環境）

図4　企業団地の計画（東莞市）(4)

2000km以上の緑道は、広域に点在する森林や緑地、河川、湖沼、風景名勝地、文化施設などをつなぐものである。また、この緑道システムは、これから香港やマカオを含め周辺省に拡大し、広域的に湾岸地区の緑地とつなげる計画が進められている。緑道の整備は、開発により分断された自然エリアをもう一度つなぎ、生態的な相乗効果をもたらすほか、CO_2削減や市民にとってより健康的でエコロジカルな移動ルートとなる（図3）。

緑環境を活かした企業誘致

経済面においても、緑に付加価値があることは既存の知見からうかがえる。今世紀初頭、上海市の江湾新城という大規模な団地整備において、道路緑化と公園の整備が、住宅や商業施設の建設より先行された。その結果、緑環境の良さが確認されることで地価が2倍以上あがり、住宅などの販売においても予想以上の利益を得ることができた。その成功例の波及効果は大きく、大規模な宅地開発では、敷地の骨格を形成する緑地を先行整備することが一般的になった。これは、緑環境を広告にする効果が大きいからである。

広東省の東莞市は、一線都市である広州市と深圳市の二大都市の間に存在し、近年、大都市からハイテク産業の転入が盛んである。地価の安さが企業誘致につながったと言われているが、実は東莞市の環境の良さが一つの大きなキーワ

図６　水と緑を基盤とした企業団地

図７　開放的なオフィス棟の１階

ードでもあった。図４は東莞市に建設予定の企業団地の計画図である。水と緑の割合が大きいことと、自然豊かな環境であることが読み取れる。図５は、その企業団地の一角である。これは「公園の中で仕事を」という団地の開発理念のもと、低層の独立オフィス棟が、公園的な環境の中に配置されたものである。このような空間構成は、技術開発を中心とした企業に、最適な仕事環境だと評価された。

図６は深圳市の梧桐島という企業団地である。ここも良好な生態的環境の形成を目指した開発である。水と緑を基盤とした緑地の中に、低層のオフィス棟が点在するように配置されている。また、すべてのオフィス棟の１階を見通しの良い空間として設計し、屋内外を一体的な空間として演出した（図７）。このように、ヒューマンスケールで自然を感じ、日常的に自然とふれあえる職場の環境づくりが企業誘致の重要な成功点と評価されている。

自然環境の修復をテーマとした環境教育の拠点づくり

急速な都市開発に伴い、土砂採取場や地形の大規模な改変により放置された空地が数多く存在している。開発行為から得た教訓や、放置された空地の修復を次世代に伝えるために、全国各地で、これらの空地を対象にした環境教育の拠点づくりが展開されている。深圳市烏岡水土保持科技師範基地は、採石場跡

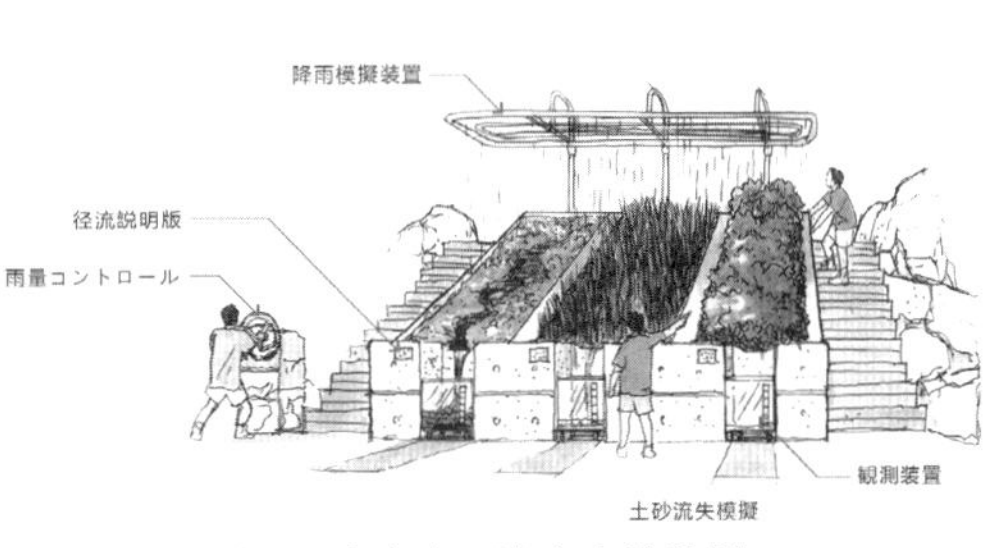

図8　地表水の流出実験装置(4)

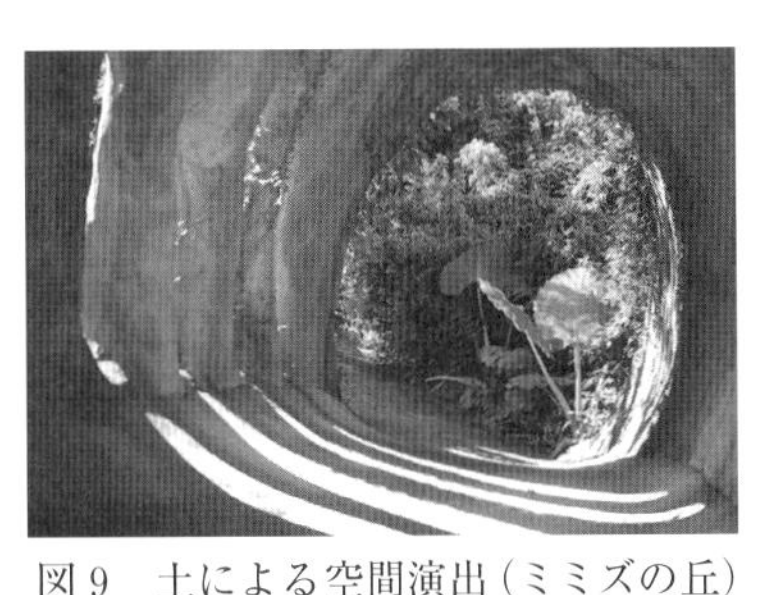
図9　土による空間演出（ミミズの丘）

地を、環境保全教育が行える公園緑地にした例である。敷地はダムに隣接する22haの山地で、採石跡地や崩れた谷戸、雑木林、建造物などが存在し、周辺には借景となる広い水面も有している。かつて開発優先の時代に失った自然を修復し、植物・生き物の生息基盤要素ともいえる「土と水」の保護をテーマとしている。崩壊後の谷戸を環境展示し、土砂流失防止の模擬実験スペースなどを環境教育のモデル施設として取り入れ、ランドスケープの手法で景観的に統一感のある整備を図った。具体例として、斜面を活かし、裸地や草地、樹林地など多様な状態の斜面を造成し、地表水流出の計測やシミュレーションが行える観察拠点を整備した。次に、旧建造物を環境教育の中核拠点施設として改築し、その周辺エリアを「土の園」「木の園」「清水の園」など、「土」「水」「緑」をテーマにした個性ある苑地として創出した。「土の園」では、中国文化の「五色の土」をキーワードとして抽出し、土の種類ごとに沼、灘、壁などをモチーフした縮景を整備した。また、土壌改良に役立つミミズの生息環境をもとにした「ミミズの丘」を創出し、土を主な素材としてミミズの巣のような空間形成を試みた（図9）。来訪者は、この「土の園」の中での散策や、地中の世界と地上の自然との対比により生まれた体験などを通して、自然環境に対しての思考を深める空間とすることができた。「清水の園」では、植物による水質浄化が確認できる流れを形成し、上流、下流で水質の対比を感じる景観形成を行った。野外実験スペースでは、様々な傾斜度での排水模擬実験を

図10　園内の自然観察デッキ

図11　様々な傾斜地での排水模擬実験

常設で公開し、一般来訪者も参加できる拠点を整備した。さらに、高所から麓までをデッキでつなぎ、沿路の自然観察、実験場の観察も含め、豊富なシークエンス景観を体験できる動線を整備し、良質な景観形成と環境教育を融合した空間を実現させた。景観整備に使用した材料は、この地から取れた石、土のほか、都市整備の際に使い捨てられた不整形鋼材なども用いて、リサイクルの観点も含めた景観形成のモデルにした。

以上の事例は中国で見られた緑環境の取り組みのなかで、強い行政指導下にできたものである。都心部の機能移転から、環境教育の拠点づくりまで、環境の犠牲を代償にした発展優先型開発の反動として「都市双修」という環境修復が、開発手法が成熟するまでは、不可欠なキーワードになる。

【注】

(1) 都市計画と農村計画など広域の計画を指す。
(2) 全国的な経済や文化など社会活動で重要な地位にあたる4つの都市を指す（北京市、上海市、広州市、深圳市）。
(3) 政治や文化の中心としての首都にとって必要性のない行政機関や産業を指す。
(4) 深圳市媚道風景園林及城市規劃設計院より資料提供

セクション1のオープンから10年、2019年夏に、最後に残されたSpur（引込線）がオープンし、現存するハイラインの全てがパブリック・オープンスペースとなった。
Photo by Timothy Schenck

交通インフラ跡地をオープンスペースとして再生する際の課題と可能性

別所　力

はじめに

ニューヨークはマンハッタン南西部に約3kmにわたって文字通り「浮かぶ」ハイラインは、高架橋上に残された遊休地を公園へと転用したプロジェクトである。2009年のオープン以来連日大きな賑わいを見せており、今では、押しも押されもせぬニューヨーク観光の目玉である。寂れた土地に残された廃線跡を公園へとコンバートした成功例として、世界中から注目を集めるハイラインではあるが、その一方で、ハイラインの成功が近隣のジェントリフィケーション（ある地域に富裕な住人や企業が外から入り込むことによって、地域の富裕化が進み、その社会的及び文化的特徴が変化する現象）を引き起こし、地元住民の生活基盤を脅かしているという批判もある。本稿では、ハイラインの事例を中心に、交通インフラの跡地をオープンスペースとして再生する際に直面する課題や可能性について見ていきたい。

ハイライン

貨物輸送のための鉄道高架という役目を1980年代に終えたハイライン。廃線当時は、街の邪魔者のように扱われており、取り壊すという方向で話が進

画像奥へ向かって、中央よりやや右手に走るのがハイライン。画像中央の左寄りに見える十字状の建物が集まっているのが、低所得者向けの公共団地。
Photo by Timothy Schenck

んでいた。そんな中、地元に住む若者二人によって、ハイラインの保存を掲げる非営利団体、Friends of the High Line（ＦＨＬ）が設立され、二人の地道な活動によって、世論はハイラインを公園として再生しようという方向に傾き始めた。また、ハイラインを公園として再生した場合の経済効果が、ハイラインを取り壊し、跡地を開発した場合のそれを上回るであろうという報告もされた[1]。当初は、取り壊しに賛成していたニューヨーク市も、世論に押される中、ハイライン保存・再生派へと翻り、取り壊しを免れたハイラインは、無事に公園として生まれ変わったのである。

ＦＨＬは当初、ハイラインを地元住民のためのちょっとした憩いの場と思い描いており、年間30万人ほどの来訪者を想定していた[2]。しかし、蓋を開ければ、オープン初年は１３０万人を集め、それ以降も順調にその数を増やし、２０１５年には７００万以上の人がハイラインを訪れた[3]。ハイラインの周辺には、ザハ・ハディドやレンゾ・ピアノをはじめとするスターアーキテクトによる建築が立ち並び、まるで現代建築を集めたコレクションの様相を呈しており、ハイラインを訪れる人たちの視線を集めている。ハイラインの成功は、庶民には到底手の届かない高級マンションや、新進気鋭のＩＴ企業が入るオフィスビルのさらなる開発を引き寄せ、その経済効果も予想を大幅に上回った[4]。ハイラインには、良好な都市環境を寄与する公園としてだけではなく、地域経

ハイラインで毎年夏に催される¡Arriba! というラテンダンスのイベントの一場面。Photo Credit: Karen Blumberg via Creative Commons for Flickr.

済に大きなインパクトを残した公園として、ランドスケープアーキテクト、建築家、都市計画家から熱い眼差しが注がれている。

その一方で、地元住民、特にハイライン近辺にある低所得者向けの公共団地の住人にとって、ハイラインは身近な存在とは言い難く、ハイラインに対して疎外感を抱いている住人もいる[2]。ハイラインが邪魔者扱いされていたころからこの地に住む住民のための公園ではなく、新たに生まれ変わったハイライン沿いに移り住んできた富裕層や、注目を集めるハイラインを一目見てみようと世界中から集まる観光客のための公園になってしまったという批判も的外れではない。ハイラインの受益者になるはずであった地元住民が、ハイラインの成功から完全に取り残されてしまったのである。

また、ハイライン周辺の地価高騰に伴い、賃貸物件に住む人々の間を中心に、立ち退きに対する不安が高まっている。馴染みの商店やカフェ・レストランが、経済的に恵まれた人々を対象にした高級志向のものに取って代わられ、生活環境の変化に戸惑う人々もいる。今まで近所で全ての買い物をこなしていたのに、低価格帯の商店がどんどん潰れてしまい、今ではわざわざ対岸のニュージャージーまで買い物に通う住民もいるほどである[5]。余暇を過ごすためのオープンスペースも重要かもしれないが、それ以上に生活基盤に関わる切実な問題を抱えている地元住民もいるということである。

ベルトライン
Photo Credit: Daniel Lobo via Creative Commons for Flickr.

ハイライン・ネットワーク

もちろん、ハイラインを維持管理及び運営するＦＨＬはただ手をこまねいたわけではない。地元の十代の若者を対象に、有給の緑や芸術・文化に関わる仕事の職業訓練のプログラムを運営したり、近隣の公共団地の住人と一緒に公園のプログラムを計画したりと、地元住民と積極的に関わってきた。ラテン系の住人との対話から生まれたラテンダンスのイベントは、ハイラインの夏の風物詩となっている(2)。

さらにＦＨＬは、自分たちがハイラインを通して学んだことを共有するために、ハイライン・ネットワークという団体を結成した。ハイライン・ネットワークでは、ハイラインのようなインフラの跡地をパブリック・オープンスペースとして再生するプロジェクトを企画・運営管理する団体が集まり、情報交換を行っている。跡地利用のプロジェクトに付いてまわるジェントリフィケーションに対抗し、いかにオープンスペースをパブリックに開かれたものにするかというのが、その話題の中心である。

ハイライン・ネットワークに登録されているプロジェクトの一つが、アトランタのベルトラインである。アトランタの周りをぐるりと囲む35km超の鉄道跡地に、遊歩道、路面電車、公園などを整備する計画である。オープンスペースの整備に伴うジェントリフィケーションに対する懸念から、今日まで

１２５０万ドル（約14億円）が、計画の予算から Affordable Housing（平均もしくはそれ以下の世帯年収の世帯の手に届くように、家賃の上限が決められていたり、公的機関から補助が出たりする住宅物件）の設置や運営に充てられた。最終的には５６００戸の Affordable Housing を提供することを目指している(6)。

11thストリート・ブリッジ・パーク完成予想図　Courtesy of OMA+OLIN

ワシントンＤＣで計画中の11thストリート・ブリッジ・パークは、アナコスティア・リバーにかかる、使われなくなった橋の橋脚の上に公園をつくるという計画である。このプロジェクトでは、公園をつくるということと同様の重みを公平性に置いており、公園の周りだけでなく、公園１マイル（１・６㎞）四方の地域を対象にした Equitable Development Plan という計画を作成し、公平性の実現のために、さまざまな取り組みを行っている。Affordable Housing の整備をはじめとする住宅政策、公園の維持管理といった職に地元民を積極的に採用するという雇用政策、地元密着型の小規模なビジネス事業の支援、地元住民、特にアフリカン・アメリカンの歴史・文化・アートの普及活動などが計画に盛り込まれている。橋の東側と西側で、人種の構成や世帯収入などに大きな違いがあり、公園を作るプロジェクトを通して、今まで分断されていた二つのコミュニティを、物理的だけでなく、社会・文化的にも繋げていくことを目指している(7)。

ハイライン・ネットワークに登録されているプロジェクトの一つであるシカゴのThe 606。約4㎞の廃線跡をオープンスペースとして再生する際に、コミュニティ・ミーティングを数多く開き、地元住民の声に耳を傾けた。
Photo Credit: John K. Zacherle via Creative Commons for Flickr.

課題と可能性

都心回帰という流れの中で、都市におけるオープンスペースの重要性は日々高まる一方である。ニューヨーク市でも、OneNYC 2050という計画において、今まで目を向けて来られなかった地域を中心に新たなオープンスペースを開発することで、公園の徒歩圏内に住む市民が２０３０年までに全体の85％に達することを目標としている(8)。

しかし当然ながら、オープンスペースの用地を確保するのはそう簡単ではない。ニューヨークのセントラルパークは、マンハッタンが都市化に飲み込まれる前に、先見の明で「空地」につくられた。しかし、都市が成長中であった時代と違い、現代の都市に、用途が決められておらず、誰の土地でもない「空地」というのは非常にまれである。そこで目を向けられるようになったのが、インフラや工場・倉庫などの「跡地」である。特に交通インフラの「跡地」は、線形という形をとることが多く、建物を中心とした面的な再開発の標的になりにくく、オープンスペースとして再生される可能性が大きい。

また、交通インフラのさまざまな場所を結ぶという機能的特徴は、「跡地」がある一つの特定の地域に属するのではなく、複数の地域にまたがるということを意味する。「跡地」沿いには、オープンスペースをはじめとする社会的資源が既に整っている地域もあるであろうし、逆にそれが乏しい地域も存在することであろう。そして、後者のために「跡地」をオープンスペースとして開発するというのは、至極当然の流れである。しかし、地域の魅力向上のために整備したオープンスペースが、裕福な階層を新たに呼び込み、結果的にジェントリフィケーションを引き起こすのである。住民のためにつくったオープンスペースが、皮肉なことに、その住民の生活を脅かすという結果を招いてしまうのである。

昨今、オープンスペースをつくることで、周辺の地価が上がることに注目が集まっているが、肯定的な側面が強調されがちである。地価が上昇すれば、固定資産税が増収し、地方自治体の財源が潤うという仕組みである。しかし、そうしたプラス面だけを見るのではなく、一部の地元住民にジェントリフィケーションが与えるネガティブな側面に、都市計画・住宅政策の観点から取り組むべきである。

また、オープンスペースのデザインに関しても、オープンスペースを計画する者が良しとするプログラムを画一的に押し付けるのではなく、さまざまな地元住民との対話を重ね、住民がどういったプログラムを本当に求めているのかを詳細に検討する必要があろう。

こうした多面的・多角的な対策を施すことで、オープンスペースの本質である社会的・文化的な公平性を実現することができよう。地域と地域を繋ぐというポテンシャルを持つ交通インフラ「跡地」をオープンスペースとして再生することの意義は大きい。

【注】

（1）Jones, Casey, David, Joshua, & Karen Hock (2002). Reclaiming the High Line, Design Trust for Public Space and Friends of the High Line.

（2）Bliss, Laura (February 7, 2017). "The High Line's Next Balancing Act". CityLab. https://www.citylab.com/solutions/2017/02/the-high-lines-next-balancing-act-fair-and-affordable-development/515391/. Retrieved September 1, 2019.

（3）Ganser, Adam (January 18, 2017). "High Line Magazine: BIG DA+A and Parks". https://www.thehighline.org/blog/2017/01/18/high-line-magazine-b1g-daa-and-parks/. Retrieved September 1, 2019.

（4）Rainey, John. "New York's High Line Park: An Example of Successful Economic Development". https://www.greenplayllc.com/wp-content/uploads/2014/11/Highline.pdf. Retrieved September 1, 2019.

（5）Navarro, Mireya (October 23, 2015). "In Chelsea, a Great Wealth Divide". The New York Times. https://www.nytimes.com/2015/10/25/nyregion/in-chelsea-a-great-wealth-divide.html. Retrieved September 1, 2019.

（6）"Atlanta BeltLine Closes $155 Million 2016 Bond Issue to Advance Affordable Housing, Capital Construction and Economic Development". https://beltline.org/2017/01/22/atlanta-beltline-closes-155-million-2016-bond-issue-to-advance-affordable-housing-capital-construction-and-economic-development/. Retrieved September 1, 2019.

（7）11th Street Bridge Park's Equitable Development Plan, https://bbardc.org/wp-content/uploads/2018/10/Equitable-Development-Plan_09.04.18.pdf. Retrieved September 1, 2019.

（8）The City of New York (2019). OneNYC2050. http://onenyc.cityofnewyork.us/. Retrieved September 1, 2019.

グリーンケアとＳＤＧｓから見た農福連携の展望

豊田正博

●ケアファーミング

日本の農福連携とは、農業分野の課題である高齢化や労働力不足と、障がい者福祉分野の課題である障がい者の働く場所確保や賃金向上という相互のニーズを補完する形で行われる取り組みの総称である。これはケアファーミングに近い。

例えばオランダのケアファーミングも、国により違う。そのケアファームでは、栽培条件の悪い農地の多面的利用や都市住民との交流を目的としている。比較的多い「多機能型」ケアファームは、医療保険の対象となる知的・精神・発達などの障がい者や認知症高齢者が利用する。ここでは、働くことが第一ではなく、「居場所」としての役割が大きい(2)。

オランダでは、日本の生活介護型事業所（常時介護を必要とする障がい者に介護サービスや生産活動を提供）や、比較

●グリーンケア

グリーンケアとは、人の精神や身体の健康、生活の質の改善を目的として、農場や、生命を含む自然を活用する活動である。２０００年代に欧米で急速に広まった。この中には、ケアファーミング、社会園芸・療法的園芸、動物介在療法、エコセラピー（自然保護活動を通した健康増進活動）、グリーンエクササイズ（自然環境下で行う健康改善をめざす身体活動）などが含まれる(1)。

これらの活動に共通するのは、「人は人工環境より生き物を含む自然を好み、自然のある環境で心地よい刺激を受けてストレスが下がる。この状態で行う活動は、心身や社会的健康の維持・改善に資する」という点である。

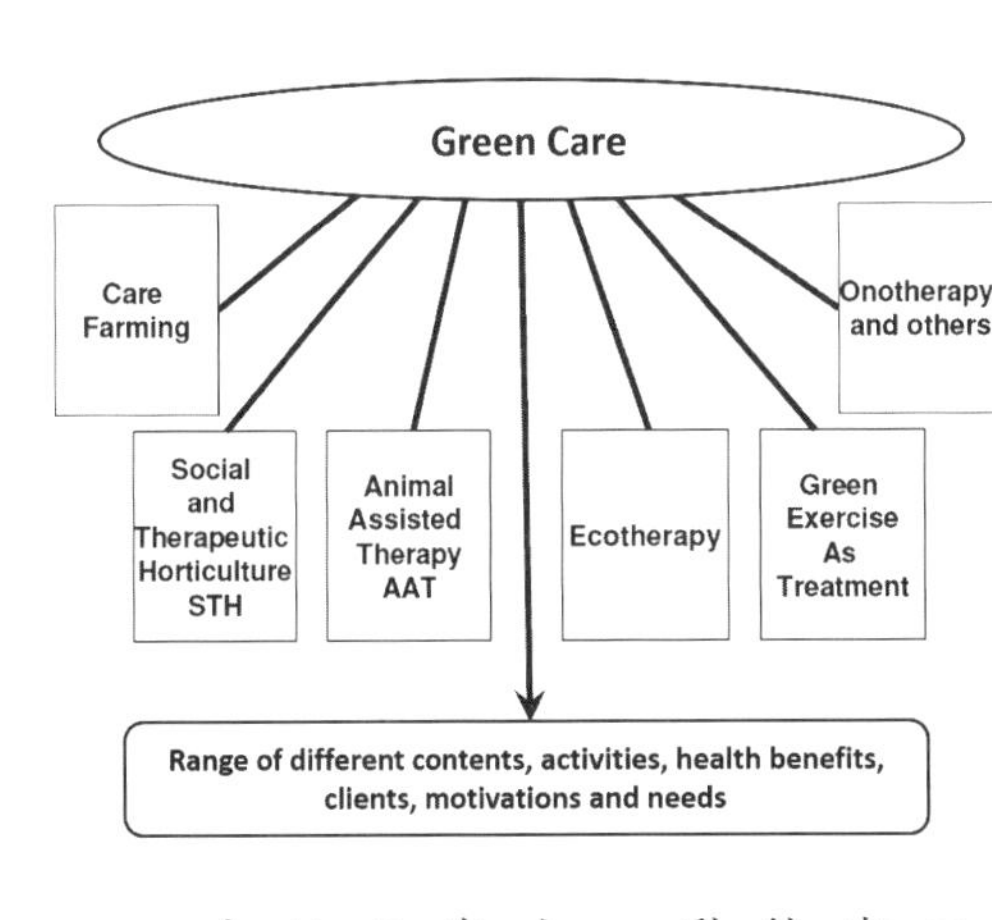

イギリスにおけるグリーンケア(1)

米国カリフォルニア州で行われているホームレス・ガーデン・プロジェクト。ハーブや草花の生産・加工・販売に日々参加する中で、自己回復と自立を促す。

的、介護度の低い高齢者を支援するデイサービス事業所に似た機能を農場が持っている。

ドイツではドメーネと呼ばれる貴族や地主が所有する大規模農場が各地にある。これらが市町や福祉団体に譲渡されてケアファームとなり、有機農業に取り組む農場が多い。

ケルべという町にあるフレッケンビュール農場では、アルコールや薬物依存症の人に農作業、農産物加工(牛乳・チーズ・パン、洋菓子など)の場を提供している。近年は農場の六次産業化が加速し、食堂、料理のケータリングも手掛ける。こうした活動は、農村地域における多様な仕事創出、都市と農村の経済格差是正、農村の過疎化抑制などをねらいとしている(3)。

米国カリフォルニア州では、ホームレスや社会的弱者と呼ばれる人を対象にした農場がある。これらの事例から、農場が持つ健康増進機能を、障がい者に限らず、社会的支援を必要とする多様な人々に提供していることがわかる。

●日本の農福連携がめざすもの

日本の農業生産者による障がい者雇用は2000年頃から拡大した。近年、福祉事業所を利用する障がい者が、施設外就労として農作業を手伝う例が急増している。

農福連携には次のメリットがある。障がい者福祉の視点からは、雇用創出、職業に就く上での基礎技能(例:集中力、判断力、体力、身体の柔軟性など)獲得、賃金向上、心身の健康増進などがある。農業の視点からは、農山村の活性化、農業と他産業の融合によるイノベーション、農地生態系の維持などである。日本の農福連携は、知的、精神、発達の障がい者の参加例が多く、当面のねらいはドイツのケアファームのねらいに似ている。しかし、将来的には、農業生態系の保全やケアファーム利用者の健康増進機能も、経済的効果があることを認めて、高齢者

農場・農作業の特徴が障がい者を包み就労技能も向上させる。

キャベツセル苗の定植

野菜苗へのかん水

や、働き盛りであるが体調を崩した人なども包み込めるオランダのようなケアファームも出てきてほしい。

●緑がある農場の特徴

なぜ障がい者に〝農業〟なのだろうか。私たちは、不安・怒り・恐れ・疲労などのストレスがない時、仕事がはかどることを経験的に知っている。

ハーバード大学教授であったウイルソンは、「人間には潜在的に他の生物との結びつきを求める欲求がある」とするバイオフィリア（生命への愛）仮説を提唱し、バイオフィリア仮説論文集を編集した[4]。これは、自然や生物が周りにある環境は誰にとっても嫌な環境ではなく、新たなストレスにはなりにくいということである。また、論文集の中でウルリヒは「自然環境を眺めることによるストレス軽減」に関する研究を紹介し、さらに「脅威のない自然環境との接触が創造性や高度の認知機能が使える状態をもたらす」という仮説を立てている。

知的、発達、精神の障がい者には、生まれつきストレス耐性が脆弱である人も多い。緑のある農場は、障がい者の精神的ストレスを軽減し、作業に取り組みやすい環境である。このことが、障がい者に農場、農業を提供する理由の一つである。

●農作業の特徴

農業には、栽培計画立案や環境調節、作業適期判断など知識や経験が必要なことや、機械操作や果樹の剪定のように高い技能の習熟が必要な作業がある。

一方で、握る、つまむ、混ぜる、切る、結ぶ、掘る、注ぐなど、農業の知識や経験がなくても日常生活で似た動作を経験し、「手続記憶」として身についた動作を順序立てて行う作業も多い。例えば、かん水、除草、花殻摘みのような栽培中に何度も行う管理作業、たねまき、苗の移植・定植、収穫・出荷調製など作物の生育時期に合わせて行う作業がある。

SDGsのうち農福連携による貢献が期待される目標

こうした作業は、口頭で何度も説明するより、「このようにやるんだよ」と演示する、「一緒にやってみよう」と共に作業をするなど、見て、まねて覚えるほうが効率がよい。つまり農作業には、周囲の自然が与えるストレス軽減効果に加えて、すでに身についている手続記憶を活用するので作業になじみやすい、言葉に頼らないで視覚的に作業を理解しやすい、同じ動作を順序立てて繰り返すので覚えやすい、などの特徴がある。こうした農作業の特徴は、多くの言語情報を一度に記憶することが苦手、身体動作が緩慢・ぎこちないなどの特徴がある知的・精神・発達の障がい者にとって、就労のための基礎技能向上につながる。

●SDGs

２０１５年に国連サミットにおいて、２０３０年までの国際開発目標であるＳＤＧｓ（持続可能な17の開発目標）が採択された。17の目標のうち、農福連携による貢献が期待される目標（その理由例）をあげると次のようになる。1貧困（工賃向上）、3保健（ストレス軽減・社会的健康向上）、4教育（就労技能向上）、8経済成長と雇用（農業分野での仕事獲得・就農）、9イノベーション（6次産業化）、10不平等（賃金格差是正）、12持続可能な消費と生産（耕作困難農地や耕作放棄地の活用）、15陸上資源保護（農村や里山の生態系保全）などである。農福連携のシステムがＳＤＧｓと親和性が高いことがわかる。

●農作業と障がい者の適切なマッチング

「農福連携の効果と課題に関する調査結果」（農水省２０１８年度調査研究結果報告書）(5)では、障がい者受入れ農業者の約8割が障がい者を「人材として貴重な戦力」とする一方、「経営規模の拡大」や「品質の向上」になるとの回答は3割に満たず、7割が「障がい者の農業技術習得」を課題としている。筆者が今まで

注意配分数＼巧緻性	1	2	3	4	5
5					刈払機草刈
4				カーネーションわき芽摘み	果樹袋かけ(脚立) 果樹剪定(脚立)
3		狭い通路の畑除草	ポット苗・鉢物かん水(ホース・じょうろ)	ハクサイ収穫 生垣刈込 果樹袋かけ(地上)	噴霧器による農薬散布 果樹収穫(脚立)
2	タマネギ収穫 枯れた花壇苗撤去 除草(手作業)	タマネギ調製 葉菜類・根菜類収穫 花壇・畑かん水(ホース・じょうろ) 除草(カマ使用) 粒状肥料まき ジャガイモ(種イモ)定植 中・大粒種子播種	果菜類収穫 花がら摘み トマト・キュウリ誘引 野菜(セル)苗定植 花壇苗移植・定植 トマトわき芽摘み 間引き 小粒種子播種	スイカ人工授粉 畝立て(クワ使用)	
1	ハクサイ収穫補助	ハクサイ計量			

作業中に必要な最多注意配分数と作業に必要な巧緻性からみた農作業の難易度評価表[6]

訪問した障がい者受入農家、障がい者福祉事業所は100件を超えるが、農家は人手が欲しい作業のうち障がい者にできそうと思った作業を提供し、福祉事業所は提供される作業ができそうな利用者を連れていく。参加者は事業所の他作業より高い工賃を受け取ることも多いが、時給換算では最低賃金を下回ることもある。しかし、健常者であれば作業に不慣れなアルバイトも、最低賃金は保障される。

　農福連携のステップアップには、障がい者が行う農作業の正確さと速さを健常者の初心者レベル以上まで上げることが第一である。これが貧困の改善、持続可能な雇用、農業生産性向上につながる。そのためには、提供される作業の難易度に見合う能力の障がい者と農作業がつながることが前提となる。能力に見合う作業を継続して提供すれば、障がいがあっても学習効果は期待できるので、「正確に速く」という農業者側からのニーズは満たされ、生産性向上につながる。

　筆者らは、障がい者の視点に立った作業分析表を作成し、作業中に必要となる最多の注意配分数と作業に求められる身体の巧緻性（5段階）から作業の難易度を客観的に示す方法を開発した[6]。「あらかじめ、障がい者が日常行う作業の注意配分数と巧緻性を調べておき、提供される農作業のそれと比較すれば、どの人が提供される農作業に見合う能力を持っているかが客観的にわかる。詳細は兵庫県ホームページ[7]からも見ることができる。農林水産省もこのしくみに注目し、令和2年度から農水省が行う「農福連携技術支援者育成研修」では、作業の難易度を知るための客観的評価と障がい者のマッチングについて教えることになった。今後、農作業と障がい者の適切なマッチングが定着していけば、農福連携においても農業の生産性向上が期待できる。

●農福連携の展望

　農業は農地のある農山村地域や都市近

LEDライトが普及する現代では、農地以外の屋内でも農福連携やグリーンケアは行える。

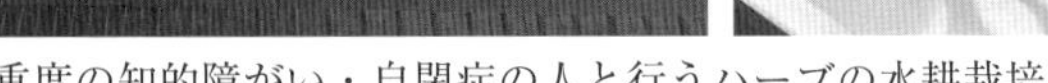

重度の知的障がい・自閉症の人と行うハーブの水耕栽培

郊に限られない。農地のない都市部においても水耕栽培を取り入れることで十分可能である。コストが安いLED照明が普及した現在、農作物を屋内で生産することが可能となった。都市部には、ストレスを抱えた働く世代が多い。働き方改革が進められる中で、オフィス緑化の需要は確実に伸びている。オフィス緑化の管理、屋内での水耕栽培を利用した植物生産、農作物生産には、都市部の障がい者はもちろん、引きこもりの人、介護サービスを利用する高齢者、休職後の社会復帰をめざす人など、様々な人を包んでいくことが期待される。こうしたことが実現していくと、先に紹介したオランダやドイツを超えた新たな農福連携の姿、農業のイノベーションにつながる日本のグリーンケアの姿が見えるのではないだろうか。

【注】

（1）Hine, R., Peacock, J., & Pretty, J. N.（２００８）. Care farming in the UK: Evidence and Opportunities. Colchester, Essex: University of Essex. 26-27.

（2）植田剛司・坂本清彦（２０１９）「オランダのケアファーム：支える制度の概要と事例調査から」農村と都市をむすぶ８１１：27-37

（3）飯田恭子（２０１９）「ドイツの農福連携とインクルーシブな社会の構築」農村と都市を結ぶ８１１：38-46

（4）Kellert S R and Wilson E O (Eds.) (1993) The biophilia hypothesis Island Press

（5）農林水産省（２０１８）農福連携の効果と課題に関する調査結果 https://www.nipponkikin.com/survey-research.pdf

（6）豊田正博他5名（２０１６）知的障害者就労支援における農作業分析と難易評価法の開発 人間・植物関係学会雑誌15（２）：1-10

（7）豊田正博（２０１６）農業分野における障害者就労支援 知的障害者と農作業のマッチング・ハンドブック、兵庫県健康福祉部障害福祉局ユニバーサル推進課 https://web.pref.hyogo.lg.jp/kf10/shuroushien/noufukubook.html

個人邸の「前栽」と生活文化が持つインバウンド観光資源としての潜在力

平田富士男

写真1．今ではほとんど見聞きすることがなくなった「前栽」ということば（近鉄天理線前栽駅にて）

●「前栽」とは？

「前栽」と書いて「せんざい」と読む。我が国最古の造園に関する書物と言われる「作庭記」も江戸時代以前は「前栽秘抄」と呼ばれていたとされ、現在私たちが「庭（にわ）」として意識する空間は、本来「前栽」と呼ばれていたのではないか、と筆者は考えている。

では、「にわ（庭）」はどのような空間をさしていたのだろう。

松岡は「にわ」という語について「ニはノビ、ノシ（伸）の語幹の轄。ハはマ（間）の音便。展開した区域、即ち廣場の意。連濁によってバ（場）とも発音せられ、庭、齋庭其他ユニハ（祭物）、イムバ（忌庭）の如く用ひられる。又、同じ意味を以て海面をもニハということがある」としており、祭事などに利用されるため植物などはあまり植えられていない広場のような空間としている。また、農家住宅では、田の字の間取りのうち東南の位置に取られる作業用の土間を古くから「ニワ」と呼んでおり(2)、土（=丹：に）を固めた間（ま）、すなわちニマがニワの元々の意味だったとも考えられている(3)。

また、「庭園」にいたっては、前述のような「庭」と全く性格を異にする「園（その）」を明治時代に合成して生まれた用語であり(4)、現在でもこの言葉には専門用語というイメージやかしこまった大規模な庭への呼称としてのイメージがある。一般庶民が日常会話のなかで「庭（にわ）」を使うことはあっても「庭園」を使うことはごく少ない。実際、筆者の実家（姫路市郊外の農家）にも小さな庭があったが、農家生まれの無骨な祖父も父親もその空間に対してこじゃれた「にわ」などという言葉を使わず、というか

図１．明石市魚住町あたりの明治期測量の地図（古くからある集落が一目でわかる）

写真２．前栽のある住宅が連なる旧西国街道（明石市魚住町あたりを外国人とまちあるき）

使えず、「前栽の掃除をせないかん」「前栽に水やらなあかん」などと播州弁で話していたことを思い出す。

ちなみに、上原は「園は庭とは造字、字源を異にする。和名ソノ（曽乃）、ソノフ（曽乃布）で、これに背野、側野の文字をあてる。背の字昔はソノと発音した。主として邸宅の後方、背地を指し、前栽、前庭に対応する。空地ではなく植物を栽培、栽檀した区域である。園にはクダモノハタケの訓さえあり、後園の文字がこれに当る」と説明している。

以上のようなことから、この「前栽」という用語こそがかつては庶民も含め現代の庭を表す言葉だったのではないかと考えるのである。しかし、この言葉、現在では死語に近くなっている。また、都市部の住宅の庭も「ガーデン」という用語があてはまりそうなものが多くなり、前栽といえる空間は少なくなってしまった。

●「前栽」はどこに？

都市の市街地部ではそのような状況になってしまった前栽だが、少し郊外へ出るとそれらはまだまだしっかりと存在している。特に、旧街道筋の住宅や農村部の農家住宅の敷地を注意深く見ると、まだまだ「ミニ日本庭園」とも言えるような立派な前栽があちこちに存在している。その風情は、日本庭園の文化が、京都の社寺などだけの特別なものではなく、一般庶民にいたるまでしっかりと根付いていることを示すものであり、まさしく「庶民の生活のなかにある日本文化を体現する資源」と言える。

●「前栽」の「潜在力」

さて、この前栽、筆者は「ある力」を持っていると考えている。それは、インバウンド観光の資源としての力である。

２０１８年、インバウンド観光客はついに３０００万人を突破し、２０２０年度の政府の目標数４０００万人もその達成が視野に入ってきている。このような全体的な数値以外にも注目すべき点がある。それは「リピーター数」である。実は、

写真３．お茶席の前に住宅の前栽を楽しむ訪日観光客（豊岡市清冷寺地区）

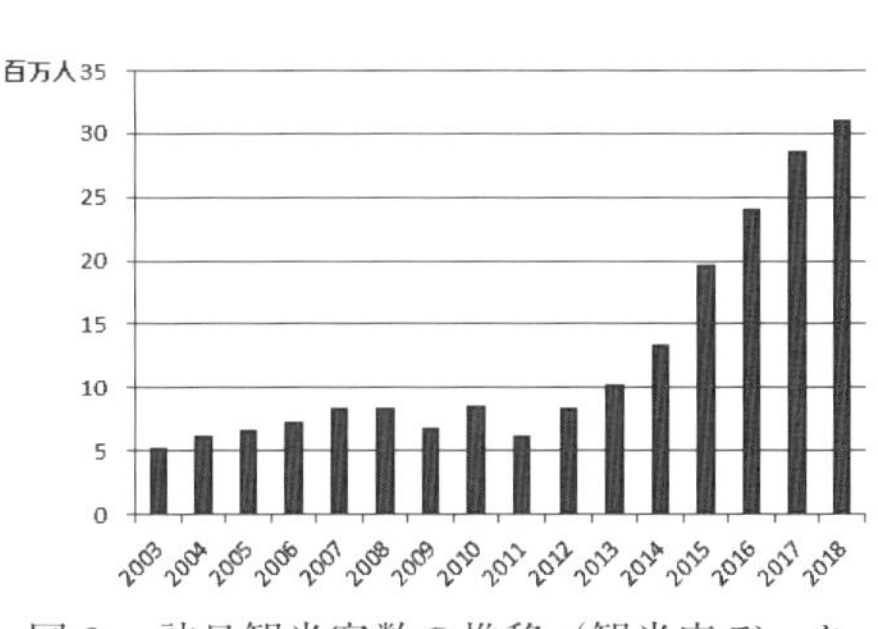

図２．訪日観光客数の推移（観光庁データから筆者作成）

前述の目標のうち半数以上の２４００万人はリピーターの入り込みで設定されている。が、観光庁のデータによると２０１７年度時点でリピーター率は61・8％となっているので、リピーター客の目標も達成しそうなのである。それだけでなく10回以上のヘビー・リピーターが13・1％にもなっていることにも注目する必要がある。この数値は今後も確実に高まっていくだろう。

そうすると、インバウンド観光としては、目が肥えて、モノ消費ではなく、コト消費を行おうとしているリピーターに向けて、彼らのニーズを満足させるような、一般的な観光地ではなくホントの日本を体験できる資源の用意が重要となるのである。

このような状況に対し、観光地化した京都の有名庭園ではなく、庶民がそれぞれの自宅で育んでいる小さな日本庭園：前栽は、まさしく「一般的な観光地ではないホントの日本」を体感できる空間として機能する可能性を持っている、といえる。

●「潜在力」の活かし方

このようなほんとの日本の理解に資するインバウンド観光資源は、同時にその地域の活性化にも資する可能性を秘めている。

観光庁の資料によると訪日回数が増えるほど、滞在中の行動としてショッピングよりも体験志向が強くなり、しかも消費額が高くなる。とするならば、このような日本文化の体験に支出をする観光客は増えてくるはずであり、そのような支出は、その地域の活性化に貢献する可能性をも秘めている。都市中心部とは異なり、前栽が多く存在する地方部では地域の活性化が課題となっているところが多い。だとすると、このような地域においては地域の人々が育む前栽も大きな地域活性化の資源となり得るのである。

また、このような前栽がある地域には、前栽だけではなく日本独特の文化や歴史資源が同時に継承されていることが多い。それらは、伝統的家屋、社寺、道標など

写真４．オープンガーデンされた前栽を楽しんだ

写真５．後に「寿司づくり体験」（兵庫県香美町訓谷地区にて）

のハードだけではなく、生け花、お茶、盆栽、書道、舞踊、料理さらには祭りなど日々の暮らしのなかに溶け込んでいる日本人の生活文化などである。このような前栽をベースとしたホントの日本人の生活文化のパッケージこそが、これからの目の肥えた、体験への消費意欲の高いインバウンド観光客に向けた貴重な観光資源となると考えられる。

●「前栽の潜在力」を活かすプログラム

このような視点に立ち、筆者はこれまで外国人に対して前栽の持つ力を顕在化させるためのプログラムを試行してきた。そして、その参加者からアンケートによりそのプログラムに対する支出意思額を探ってきた。

先に結果から述べると、前述のようなパッケージプログラムを組めば、一人あたり一万円くらいの支出はしてもいい、という訪日観光客が相当割合でいることがわかってきた。ただし、そのような支払い意思を獲得できるのはあくまで前栽の見学とそのオーナーである住民自身の日本文化に関するソフトがパッケージになっているプログラムである。

しかし、このソフトはおおがかりなものである必要はなく、ふだんの生活に息づく日本文化を感じさせるものでいいのである。筆者が組んだプログラムでは、定番といってもいい「お茶席」以外にも「お習字体験」「お手玉体験」「生け花体験」「庭木のお手入れ体験」「折り紙体験」「絵手紙体験」など、地域住民の方々のふだんの生活のなかにある日本文化を体験してもらうことを取り入れてきたが、それらが高く評価されることがわかった。

このように考えると、日本人のふだんの生活の中にある日本らしい文化は、前栽という日本らしい雰囲気のなかでより一層日本らしさを感じさせるプログラムとして生き生きとしてくるのである。

●プログラムからビジネスモデルへ

しかし、このような訪日客の関心や支払い意思を実際の経済行為として顕在化

写真６．農家の前栽を楽しんだ

写真７．後に「お手玉づくり体験」
（兵庫県豊岡市日高町にて）

させ、さらに地域の活性化に結びつけていくためにはもう一歩仕組みを掘り下げて検討していく必要がある。

具体的には、

・いつ来訪されても対応できる受け入れ体制の整備
・外国語でガイド対応ができる人材の確保

という「ツアービジネスとしてプログラムの確立」。

・確立できたプログラムを全体管理し、広報、受付（外国語対応の必要）、料金収受（特にキャッシュレス対応の必要）する体制と仕組みの整備という「プログラム管理体制の確立」

である。これらの確立によって「前栽を舞台とした日本人の生活文化体験に関するインバウンド観光プログラム」のモデルができる。

なお、必要に応じて旅行業者との連携により、これに「輸送、宿泊」という旅行業に関する業務を付加してビジネスモデルとすることができるわけだが、このモデル化に向けてさらに試行を進めているところである。

いずれにしても、訪日観光客、リピーターの増加は今後の確実なトレンドであり、地域の人々とともに前栽という資源をベースに地域の日本文化を世界の人に発信していきたいと考えている。

【参考文献】

（１）松岡静雄（１９２９）日本古語大辞典、刀江書店、東京、９６４．
（２）千森督子、谷直樹（２００２）農家住宅の平面構成の近代化過程に関する考察、生活科学雑誌１，１０１―１１２．
（３）前田富祺監修（２００５）日本語源大辞典、小学館、東京、１２７３．
（４）藤間亨（１９９８）美しき日本の庭、シマネスク27号
(http://www1.pref.shimane.lg.jp/contents/kochokoho/esque/27/menu02a.html)
（５）上原敬二（１９７３）造園大系（二）庭園論　加島書店　東京、34-58．
（６）平田富士男（２０１４）シリーズ「日本型オープンガーデンの展開」第四回「温故知新」、花の友１２８、１-５．

1964年頃　尼崎市臨海部の様子
末広町の関西電力尼崎第一・第二・第三発電所（兵庫県発行絵葉書より）
［所蔵　尼崎市立地域研究史料館］

森の力で工業地域を変えていく

守　宏美

筆者は、兵庫県の技術職員（造園職）であり、2003年尼崎臨海地域の都市再生プロジェクト「尼崎21世紀の森構想」を担当することになった。それから13年間、途中二人の育児休暇を含み、公務員としては異例の長期間この事業に携わることができた。構想策定から18年が経過した今、地域がどのように変化してきたのか振り返ってみたい。

●尼崎21世紀の森構想が生まれた

明治時代の中頃まで、遠浅の海に白砂青松の風景が続いていた尼崎臨海地域。日本の経済発展とともに、海岸線は埋め立てられ、重化学工業の立地が進み、美しい風景は失われていった。さらに、火力発電所や工場から排出される汚染物質、自動車の排ガスにより深刻な公害問題が発生し、「公害のまち尼崎」というイメージが全国に広がっていった。その後、地元住民と企業、行政が一体となった取り組みや規制強化により、環境は著しく改善したが、近年の産業構造の変化や阪神・淡路大震災の影響で、工場の閉鎖や移転による遊休地が発生し、地域の活力は低下していた。

このような時代背景の下、兵庫県は、2002年に尼崎臨海地域1千haの工業地帯を対象に、100年という年月をかけて、環境共生型の都市へ再生していくことを目指した「尼崎21世紀の森構想」を策定した。

●地域再生を先導する森づくり

この構想の実現方策として、環境創造の骨格をなし、新産業創造のインフラやコミュニティ醸成の仕掛けとなる「森」を地域に導入することを掲げている。

その核となる森の一つが、「県立尼崎の森中央緑地」である。ここは、かつての製鉄所跡地であり、29haという広大な

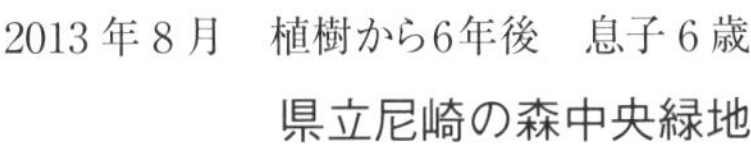

2013年8月　植樹から6年後　息子6歳

2007年3月　植樹　息子11カ月

県立尼崎の森中央緑地　子どもとともに育つ森

荒野を森に変えることにより、地域にその効果を波及させていくことを目指している。ここでは地元の森から、森を構成する樹木の種を集め、苗木を育て、植樹し、１００年の時をかけて森を育てていく。そしてここに市民や企業、市民団体等、多くの人に関わってもらうプロセスをこそ大切にしている。毎月2回誰でも参加できる「森づくりの活動日」や、苗木を家庭や地域の学校、企業などで育ててもらう「苗木の里親制度」などを行ってきた。２００2年から始まったこの里親制度には、10年間でのべ3千人を超える人々と、11企業3校が参加し、約2万３９００本の苗木が育てられてきた。植樹祭では、「毎日手塩にかけて育ててきたので、寂しくなる」「来年の成長を見るため、もう一年長生きするわ」という声が聞かれる。このような活動を通じて、地域の人々が森に足を運ぶようになり、人と森の間につながりが生まれていることを実感する。こうして、２０１９年3月末までに１１８種、9万１６８０本の苗木が植えられてきた。

●森の成長とともに

苗木の植樹が始まった２００7年3月、筆者は11カ月の長男と一緒に30㎝ほどのクヌギの苗木を植樹した。3年目に、木は子どもの身長を追い抜いた。10歳になった時、木は7ｍまで成長し、小さな林になった。多くの昆虫が生息するようになり、シジュウカラの営巣も始まった。13年目の今、樹高は10ｍを超え、森へと成熟しつつある。これから10年後、彼は大人になり、20年後には結婚して、子どもと一緒に森に遊びに来るかもしれない。その子つまり筆者の孫が成長して大人になる頃には、森はどうなっているのだろうか？　森の成長と人の営みに思いをはせると、目先の成果に囚われがちな私たちに、次世代にどんな世界を残すのか考えるきっかけを与えてくれる。この森は地域にどのような波及効果をもたらしたのであろうか？　地元で働く2人の方にお話を伺った。

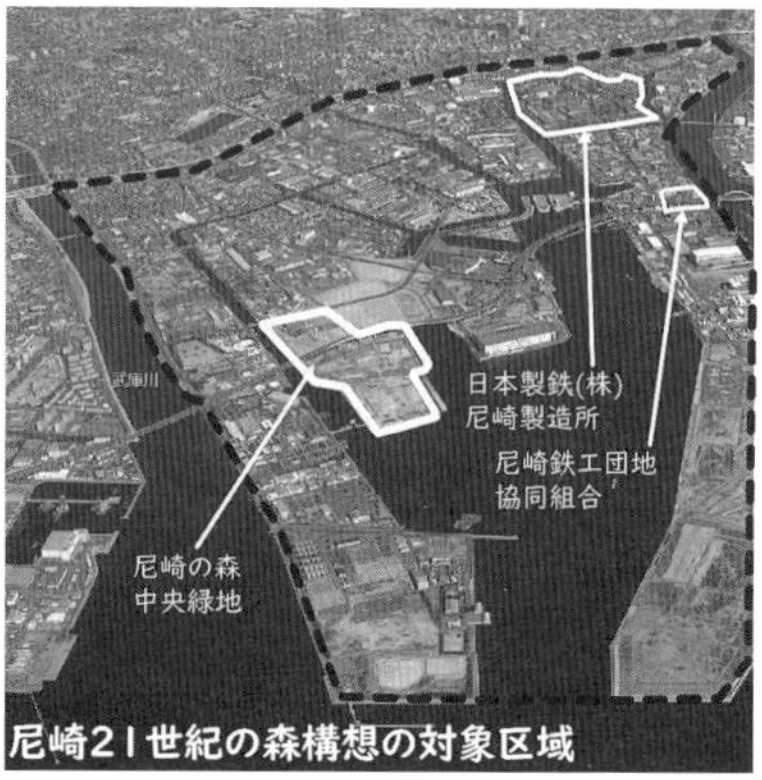

尼崎21世紀の森構想対象区域

尼崎鉄工団地協同組合。養蜂が行われているボイラー倉庫の屋上

●森ができるならミツバチを飼おう

尼崎臨海地域の中央に位置し、金属加工や精密機器・部品製造などの24社が集まる「尼崎鉄工団地協同組合」。この組合の理事長である西村善明氏にお話を伺った。西村氏は、「近所に森ができるのであれば、そこの蜜を集めて蜂蜜が取れるかも」と思いついた。早速養蜂家に相談したが、臨海部のそれも工業地帯で養蜂をした事例がなく可能性は未知数であった。「蜂に刺されたらどうする」と反対する組合員を説き伏せ、２０１０年に、組合事務所の使われていないボイラー倉庫の屋上に、６万匹の西洋ミツバチが入った2箱の巣箱を置き、養蜂は始まった。

西洋ミツバチの行動範囲は４kmと言われており、尼崎の森までは海を挟んで２km。西村氏は、巣箱から飛び立ったハチは森のある方向へ飛んでいくと想像していたが、そろって森とは正反対の方向へと飛んでいく。この方向には工場が連なるばかりで、到底蜜など集まらないだろうと期待していなかったが、第一回の採蜜をして驚いた。山で採取するのと遜色ない量の蜂蜜が採取できた。工場敷地内に植えられた樹木が大きく成長し、貴重な蜜源となっていたのだ。春はサクラに始まりニセアカシア、夏はトウネズミモチやマテバシイ、サルスベリの花が咲く。春先の花は薄い色の花が多く、蜂蜜も薄い色だが、夏になるにつれ色も濃く変化していく。また木の種類によって味や風味も全く違う。夏に採れるトウネズミモチを主体とした蜜は、さらりとした粘度が低い蜂蜜になる。最後にハチが採取するのが、セイタカアワダチソウである。地域の南端には広大な遊休地が広がっており、秋には一面のセイタカアワダチソウの花畑ができる。そしてこの蜜はハチが冬を越す重要な蜜源となっているようだ。他の地域が不作の年でも鉄工団地の採蜜量は減らない。これには、２つの要因が考えられている。第一は、工業地帯の農薬使用量の少なさである。農村地帯では、

製品化された尼みつ
採蜜する季節によって色が変化する

採蜜作業をする西村氏

水田や果樹園等の害虫防除のため大量の農薬が使われているが、工業地帯では農薬の使用量が少ないことが考えられる。近年、ハチはある種の農薬により神経に影響がでて、巣箱に帰ることができなくなると言われている。第二は、天敵であるスズメバチが少ない環境である。山の養蜂ではスズメバチに襲われ大きな被害を受けることがあるが、工業地帯ではスズメバチの数が多くないため被害は少ない。

２０１０年に2箱から始めた巣箱は、順調に数を増やし、２０１８年には11箱となり、年間６２５・９kgの蜂蜜を採ることができた。

「以前は、鉄工団地で採れた蜂蜜ですと紹介すると、『食べられますか?』と言われたこともある。子どもの頃から、公害の町というレッテルを貼られた尼崎で育ってきた。みんなの心の中に、公害の町尼崎のイメージを払拭したいという熱い思いがある。それが地域を変えたいという活動の原動力だと思う」と西村氏は言う。

養蜂をきっかけに、蜜源となる緑に関心を持ち始めた組合員たちは、工場の小さなすき間を見つけ、手軽に安価に緑化する「すき間緑化」という取り組みを始めた。デッドスペースを活用し木を植えたり、壁面緑化や駐車場の芝生化を進め、鉄工団地に緑を生み出している。

鉄工団地の蜂蜜は、「尼みつ」として尼崎市内産品として認証され、メディアに取り上げられる機会も増えてきた。養蜂を通じて、尼崎の工業地帯に、ハチが蜜を集める豊かで多様な緑があることを教えてくれる。

●コンクリートの壁を緑に変える

鉄工団地組合の蜜源の一つとなっているのが、約47haの広大な工場敷地を有する日本製鉄㈱（旧新日鐵住金㈱）尼崎製造所である。１００年を超え日本の発展を支えた歴史のある工場であり、敷地内では従業員同士が「ご安全に」と声を掛け合う光景が見られる。工場内の緑化を

壁を取り壊しセットバック緑化を実施

コンクリートの高い壁で囲われていた尼崎製造所

担当する安全環境防災室の北村宏二氏にお話を伺った。尼崎で育った北村さんは、子どもの頃、工場が黒い煙を吐くのは当然だと思い育ってきた。小学校の教科書に掲載されていた「公害のまち尼崎」という黒い煙を上げる3本の煙突の写真がずっと記憶に残っていた。1976年に入社した北村さん。まさか自分がその煙突のある工場で働くことになるとは思いもしなかった。公害のまち尼崎を変えたいという思いは、私たちの世代の人間はみんな心に思っているのではないかと言う。

海抜より低いゼロメートル地帯が広がる尼崎臨海地域。地域の工場は高潮による浸水被害から敷地を守るため、敷地の外周にコンクリートの壁を張り巡らしてきた。そのため、内部に緑地があっても壁が遮断して見えない状態であり、沿道は潤いのない工場景観が続いていた。

尼崎21世紀の森構想の地元説明会では、多くの事業者から反発の声が寄せられた。歴史の古い工業地域であり、工場緑化に関する法律の施行前から立地している工場も多い。「工場内に緑地を増やせと言われても、そもそも場所がない」「森を造るために工場は出ていけということか」と反対する声も上がった。そのような状況のもと2005年に兵庫県・尼崎市が企業に参加を呼びかけ、工業地帯の緑化について勉強会を立ち上げた。そこで、企業活動とも共存でき、企業や地域のイメージアップにつながる緑化方策について検討が進められた。その勉強会に参加する中で、尼崎製造所は敷地周囲を取り囲むコンクリートの壁の撤去を英断した。

2007年からコンクリート壁の撤去が始まった。壁を撤去した後に、さらに敷地をセットバックすることで空間を生み出し、低木と高木を組み合わせた重層的な緑の帯を創造してきた。2018年までの間に、総延長1・3㎞、1万4千㎡の緑地が新たに沿道に生まれた。工場内部の大きく育った樹木も見えるように

100年先の未来想像図
（絵本　尼崎の森中央緑地　100年の森の物語　2014・4・1 兵庫県より）

なり、かつての工場地帯のイメージが一新した。日本各地にある同社の製鉄所からも「尼崎工場はすごい」と称賛を受けていることを誇らしげに話してくれた。

このような緑化事例を紹介し、これから工場緑化に取り組もうとする企業の参考となる「尼崎21世紀の森型工場緑化ガイドブック」が策定された。この趣旨に賛同する企業の取り組みにより、セットバック緑化や敷地内への植樹の取り組みが進められ、工業地帯の景観に変化が表れている。

●おわりに

構想策定から18年が経過した現在。一般の人が立ち寄らなかった尼崎臨海地域に人が訪れるようになってきた。尼崎の森では、小さな子どもを連れた家族が、芝生広場にテントを広げ、一日家族でゆっくりと過ごす光景が見られる。森の上に広がる青空に、かつての公害の町であったことを忘れてしまう。

私には忘れられないある中学生の発表がある。彼女は、尼崎臨海地域の運河の環境再生に参加しており、その活動報告を行っていた。発表の最後に「私が大人になって尼崎を離れ、他の場所に行っても、私の出身は尼崎ですと胸を張って言えるように、尼崎の環境を改善していきたい」と締めくくった。彼女は、現在大学生になり、海の環境再生活動を学ぶためイタリアに留学している。地域の環境再生を担う、次の世代が生まれつつある。

筆者は今後も、一人の造園職職員として、森と子どもの成長を見守る母として、緑豊かな尼崎の臨海部を次の世代に引き継げるように、尼崎21世紀の森構想の実現に力を尽くしていきたい。

【参考文献】
藤井芳夫（2018）Dr．藤井 芳夫のミツバチの本 ㈱神戸っ子出版事業部
兵庫県（2002）尼崎21世紀の森構想
尼崎21世紀の森工場緑化ガイドブック
兵庫県・尼崎市（2006）尼崎21世紀の森型工場緑化ガイドブック

おわりに

「ランドスケープからの地域経営」の第4号として出版の運びとなった「世界とシェア！ 緑の戦略」では、緑を活用した国家戦略から都市の庭であるコミュニティガーデン、また緑の癒し効果を生かした園芸療法や観光への活用など、様々な規模、局面の緑の戦略を見てきました。思いもよらぬ発想に驚いたり、このアイディア使える！ という発見が随所にありました。そして、その物語の背景に、緑の基盤で人々の幸せな暮らしを支えていこうとする人々の熱い思いを見ることができました。

皆さんが職場や地域で、何か壁に当たった時に、ぜひこの本を開いてください。世界各地で展開している緑の戦略に何らかのヒントを見出すことができるはずです。

末筆ながら、セミナー講演に引き続きご協力いただきましたジェフリー・ホウ教授、レオン・チー・チュウ副長官、淡路景観園芸学校に在席され現在アメリカで活躍する別所力氏をはじめとする著者の皆様、および編集作業に携わっていただいた皆様に心より御礼申し上げます。

（守　宏美・岩崎哲也）

監修

中瀬 勲 兵庫県立淡路景観園芸学校学長、兵庫県立人と自然の博物館館長、兵庫県立大学名誉教授
大阪府立大学大学院農学研究科修士課程修了。同大学助手、講師、助教授、カリフォルニア大学客員研究員などを経て、兵庫県立自然系博物館（仮称）設立準備室、2013 年より現在まで人と自然の博物館長。2018 年より現職。（社）日本造園学会会長、人間・植物関係学会副会長、兵庫県環境審議会委員、兵庫県都市計画地方審議会委員、（財）兵庫県高齢者生きがい創造協会理事、（財）丹波の森協会理事などを歴任するとともに、震災復興のまちづくりや NPO などにかかわる。兵庫県功労者表彰（2006）、日本公園緑地協会北村賞（2012）、日本博物館協会顕彰（2012）、日本造園学会上原敬二賞（2017）など多数受賞。著書にアメリカン・ランドスケープの思想（鹿島出版会）など多数。農学博士。

著者一覧

Jeffery Hou（ジェフリー・ホウ）ワシントン大学教授
クーパー大学、ペンシルバニア大学、カリフォルニア大学バークレー校などで学位を取得。現在は、ワシントン大学造園学科教授。2019 年～ 2020 年にかけての LAF（造園財団）による革新と先導的な人材に与えられる賞を受賞。その他、世界の革新的な人材に与えられる賞（ワシントン大学）など数々の賞を受賞。

Leong Chee Chiew（レオン・チー・チュウ）シンガポール国立公園庁副長官
1983 年に国立シンガポール植物園の研究員、1987 年にシンガポール国家開発省戦略計画部に配属。現在、政府の公園・レクリエーション担当理事とともに、都市景観、都市緑化、生物多様性センター等を所管する副 CEO として、またシンガポール環境審議会等の政府委員会のメンバーとして、緑の国家戦略を推進。Garden City、City in a Garden 推進の立役者の一人。

金子みどり 兵庫県立淡路景観園芸学校園芸療法課程／兵庫県立大学大学院緑環境景観マネジメント研究科講師
オレゴン州立大学健康教育学科修士課程、兵庫県立淡路景観園芸学校園芸療法課程修了。2014 年より現職。公園での高齢者サポートプログラム、幼児・子育てサポートプログラムに取り組む。NPO 法人　園芸療法と歩む会所属。兵庫県園芸療法士。

沈　悦 兵庫県立淡路景観園芸学校／兵庫県立大学大学院緑環境景観マネジメント研究科教授
北京林業大学園林学部終了後、北京市園林設計研究院に都市緑地の設計に従事。1992 年に留学で来日、東京大学農学生命科学研究科博士課程修了後、（株）PREC 研究所で首都圏公園緑地の設計に従事。1999 年から大学教育の分野に入り、2011 年より現職。

別所　力 ジェームズ・コーナー・フィールド・オペレーションズ所属
米国登録ランドスケープアーキテクト。東京大学農学部緑地環境学科卒業。2001 年兵庫県立淡路景観園芸学校在籍。ペンシルバニア大学大学院デザイン学部ランドスケープアーキテクチュア学科卒業。2006 年より現職。

豊田正博 兵庫県立淡路景観園芸学校園芸療法課程／兵庫県立大学大学院緑環境景観マネジメント研究科　准教授
筑波大学農林学類卒業。商社、都立園芸高等学校等勤務を経て 2006 年より現職。農林水産省農林水産政策研究所客員研究員、兵庫県農福連携支援アドバイザー、日本園芸療法学会認定上級園芸療法士。博士（農学）。2018 アメリカ園芸療法協会 Charles A. Lewis Excellence in Research Award 受賞。

平田富士男 兵庫県立淡路景観園芸学校／兵庫県立大学大学院緑環境景観マネジメント研究科教授
1982 年東京大学農学部卒業後、建設省（現国土交通省）入省。都市計画、公園緑地、土地政策に携わった後、1999 年より淡路景観園芸学校において、行政経験を生かし専門家育成・市民ボランティアの育成に取り組む。著書に「都市緑地の創造」（朝倉書店）など。博士（農学）。

守　宏美 兵庫県立淡路景観園芸学校／兵庫県立大学大学院緑環境景観マネジメント研究科　景観園芸専門員
千葉大学園芸学部緑地環境学科卒業。1996 年より兵庫県にて造園職として従事し、2019 年より現職。主に、都市公園の計画・整備や地域と連携した公園運営に携わる。

ランドスケープからの地域経営　編集会議

赤澤宏樹、岩崎哲也（編集責任）、嶽山洋志、
田淵美也子、林まゆみ、光成麻美、守 宏美

ランドスケープからの地域経営 4

世界とシェア！ 緑の戦略

～みどりがまちを変えていく～

2020年3月16日　第1刷発行

監　修　中瀬 勲
編　集　守 宏美・岩崎哲也
企　画　淡路景観園芸学校／
兵庫県立大学大学院緑環境景観マネジメント研究科
発行者　吉村一男
発行所　神戸新聞総合出版センター
〒650-0044　神戸市中央区東川崎町 1-5-7
TEL 078-362-7140　FAX078-361-7552
https://kobe-yomitai.jp/
印　刷　株式会社 神戸新聞総合印刷

ISBN978-4-343-01062-9　C0036